基于 BP 神经网络在建筑施工安全评价的应用

吴渝玲 著

天津出版传媒集团

天津科学技术出版社

图书在版编目（CIP）数据

基于BP神经网络在建筑施工安全评价的应用／吴渝玲著. -- 天津：天津科学技术出版社，2020.8
ISBN 978-7-5576-8364-1

Ⅰ.①基… Ⅱ.①吴… Ⅲ.①人工神经网络-应用-建筑施工-安全评价 Ⅳ.①TU714-39

中国版本图书馆CIP数据核字（2020）第118228号

基于BP神经网络在建筑施工安全评价的应用
YIYU BP SHENJING WANGLUO ZAI JIANZHU SHIGONG ANQUAN PINGJIA DE YINGYONG

责任编辑：刘　鸫

责任印制：兰　毅

出　版：天津出版传媒集团
　　　　 天津科学技术出版社

地　址：天津市西康路35号

邮　编：300051

电　话：（022）23332377

网　址：www.tjkjcbs.com.cn

发　行：新华书店经销

印　刷：廊坊市长岭印务有限公司

开本 787×1092　1/16　印张 12　字数 330 000
2020年8月第1版第1次印刷
定价：50.00元

前　言

近年来,随着我国城市化进程的快速推进和科学技术的进步,建筑业已经进入发展的快车道。伴随着建筑业的发展,安全问题受到广泛关注。每年我国建筑安全事故死亡人数近千人,经济损失巨大。随着我国安全管理水平的提高、技术的进步和法制的不断完善,建筑安全事故呈逐年递减的趋势,但每年的伤亡绝对数量和欧美等发达国家相比依然很大。因此,对于安全问题的研究,依然紧迫。

从世界各国经济社会发展的历史进程来看,建筑业始终都是影响国计民生的重要支柱产业,建筑业的发展和完善既存在时代的机遇,又必须面对严峻的挑战。其中,由于建筑业的行业特点,施工现场的不安全因素多,发生事故的可能性高,稍有不慎就会对国民经济和人民生命财产安全造成重大影响。所以,施工现场的安全管理是需要长期面对并不断改建和完善的重大课题。本书从安全管理入手,将人工神经网络相关理论和方法运用于定量的安全评价管理工作中去,建立了施工现场动态安全评价管理系统,以期能在施工过程中实时掌握施工现场的安全状态、评价安全管理水平。

本书从建筑安全生产的特征和事故致因理论出发,结合大量安全事故案例,指出我国建筑安全事故主要有四大伤害类型,即高处坠落、施工坍塌、物体打击、起重和机具伤害。对每一种伤害类型结合致因理论进行了具体的分析,找出了造成各种伤害类型的高发位置,总结出了建筑施工安全发生的原因,由此建立了建筑施工安全评价的指标体系。

建筑施工安全评价属于非线性的模型,BP神经网络能够逼近任何非线性映射,但是BP神经网络有着不稳定、收敛速度慢、容易陷入局部最小等缺陷。本书通过引入动量因子,对模型进行了改善,使其满足施工安全评价的要求。

本书首先综述了国内外建筑施工安全管理的研究现状,介绍了安全管理的相关理论,总结分析了常用的安全评价方法,并对其各自的优缺点进行了比较,在此基础上提出了构建施工现场的动态安全评价管理体系的概念。其次介绍了BP神经网络的基本原理和算法过程,分析了BP算法的优缺点,提出了相应的改进方案,利用改进的BP算法建立了动态安全评价管理体系的数学基础。

  本书在编写的过程中,参考了国内的一些教材和标准,在此向相关作者表示感谢。

  限于编者的能力与水平,书中难免存在不妥之处,希望读者给予批评指正。

目 录

第一章 概论 ·· 1
  第一节 研究的背景 ·· 1
  第二节 研究的目的和意义 ·· 3
  第三节 国内外对于安全研究现状 ·· 6
  第四节 研究的主要内容与方法 ·· 15

第二章 建筑施工安全建设理论 ··· 17
  第一节 事故预防理论 ··· 17
  第二节 本质安全理论 ··· 23
  第三节 戴明管理理论 ··· 26
  第四节 基于可靠性工程的安全管理理论 ·· 31

第三章 建筑施工安全事故分析及安全评价方法 ··································· 39
  第一节 建筑工程项目的特征 ··· 39
  第二节 高层建筑施工特征 ··· 40
  第三节 建筑施工安全事故的致因理论 ·· 41
  第四节 建筑施工安全事故发生的规律 ·· 42
  第五节 安全评价法 ·· 48

第四章 建筑施工安全评价指标体系建立 ··· 71
  第一节 安全评价理论 ··· 71
  第二节 建筑施工安全评价指标体系的确定 ···································· 73
  第三节 建筑施工安全评价指标体系的构建 ···································· 77
  第四节 高层建筑施工安全评价指标体系的构建 ······························ 87
  第五节 建筑施工安全评价指标体系的评分标准 ······························ 92

第五章 BP 神经网络的建筑施工企业项目评价模型的建立 ······················ 97
  第一节 现行风险评价的方法 ··· 97

第二节　BP 神经网络的理论综述 …………………………………… 98
　　第三节　BP 神经网络模型的建立 …………………………………… 101

第六章　人工神经网络原理与 MATLAB 实现 …………………………… 106
　　第一节　人工神经网络简介 …………………………………………… 106
　　第二节　改进 BP 神经网络 MATLAB 实现 ………………………… 117
　　第三节　面向 MATLAB 的 BP 神经网络模型设计 ………………… 121

第七章　建筑施工安全评价模型分析及其适用性 ……………………… 123
　　第一节　改进的 BP 神经网络模型 …………………………………… 123
　　第二节　改进后模型对于施工安全评价的适用性 ………………… 126

第八章　改进 BP 神经网络在施工安全评价中的应用 ………………… 133
　　第一节　改进 BP 神经网络的应用案例一 ………………………… 133
　　第二节　改进 BP 神经网络的应用案例二 ………………………… 140
　　第三节　改进 BP 神经网络的应用案例三 ………………………… 154
　　第四节　改进 BP 神经网络的应用案例四 ………………………… 164

第九章　结论 ……………………………………………………………… 179

参考文献 …………………………………………………………………… 183

第一章 概 论

第一节 研究背景

从世界各国社会发展的历史来看,无论是发达国家还是发展中国家,建筑业都是影响国计民生的重要支柱产业,它与国家综合国力的提升、社会经济的发展及人民生活水平的改善都有着密不可分的关系。在理论上,建筑业有狭义和广义之分,住建部将狭义的建筑业定义为建筑产品的生产活动(即施工),广义的建筑业包含了建筑产品的生产及与之相关的所有服务内容,包括规划、勘查、设计、建筑材料与成品及半成品的生产、施工及安装、建筑环境的运营、维护及管理以及相关的咨询和中介服务等。本书所做的相关研究均在狭义的建筑业范畴之内。目前,伴随着我国社会现代化建设的高速发展,全国范围内的工业化、城镇化水平稳步提高,建筑业已经并将在今后相当长的一段历史时期内都是国民经济的重要支柱。作为世界上最大的发展中国家,我国的建筑业发展获得了长足的进步。根据相关数据,2012年我国建筑业总产值达137218亿元,同比增长17.8%;房屋建筑施工面积达98.64亿平方米,同比增长15.8%。2013年,我国建筑业总产值达159313亿元,同比增长16.1%;房屋建筑施工面积达113.0亿平方米,同比增长14.6%。2014年上半年,我国建筑业总产值达64900亿元,同比增长15.3%;房屋建筑施工面积达89.14亿平方米,同比增长13.5%。近几年我国建筑业发展的数据说明了在我国经济增长速度放缓、发展方式转变稳步推进的大背景下,建筑施工企业粗放的高增长模式越来越难以实现。但同时,新型城镇化战略、"一带一路"战略、中国建筑企业"走出去"战略等国家层面的重大战略决策,也给我国建筑业带来了新的机遇与挑战,提供了充足的发展动力。

建筑业是其他一切产业运行和发展的基础,但是引发的安全问题不容忽视。建筑行业容易产生安全事故，这是建筑行业的特征之一，尤其是对施工事故控制和管理不规范、不科学的状况下，建筑事故发生造成的损失十分巨大，这也制约了我国建筑行业的发展进程。

不仅如此，由于近年来施工企业竞争的日益剧烈，施工单位往往把效益而不是安全放在第一位，不断减少对安全的投入，对在第一线辛勤工作的现场施工人员的生命安全重视不够。针对这些情况，国家加大了对此类施工企业的惩罚力度，这也使得一些企业的老板和管理人员认识到，必须把施工人员的安全放在首位，必须重视施工的安全生产，如果置人的生命安全于不顾铤而走险的话，那么企业的发展就不具备可持续性，最终受到伤害的还是企业自身。随着相关管理规定的陆续实施，施工企业生产和管理行为在一定程度上受到了约束，加强了对安全问题的重视，我国建筑业整体安全状况有很大的改观。但仍然不理想，很多本应该避免的问题却屡屡发生，其中一个重要的原因就是安全管理人员不能及时发现施工现场的安全隐患，无法及时进行补救。本书所做的建筑施工安全评价，就是希望为安全管理提供一种有效的手段，能够及时准确地发现施工现场的安全状况，制定相应措施，减少事故发生。

审视西方发达国家的建筑业发展史，不难发现，建筑业的发展有其固有的历史规律，我国建筑业所处的历史阶段，其他先进国家都有类似的历史过程。在探寻我国建筑业发展方向的过程中，安全管理问题始终是不可或缺的关键环节。2014年7月1日，住建部正式发布《关于推进建筑业发展和改革的若干意见》，该意见明确提出强化工程质量安全管理，要求推进质量安全标准化建设，推动建筑施工安全专项治理，强化施工安全监督，推动建筑产业现代化，提升建筑业技术能力。长期以来，我国在建筑安全管理方面的巨大投入换来了不菲的成绩，但建筑安全形势依然十分严峻。

另一方面，我国建筑施工事故起数和死亡人数其绝对数额依然较大，反映出我国建筑安全形势仍然十分严峻。在我国，建筑业已然成为仅次于采矿业的最危险的行业。安全是人类生存最基本的需求，安全问题也是人类最古老的命题之一。安全问题不仅关于个体生命，对社会稳定和经济发展同样有着极为重要的影响。安全生产是我们在建设发展过程中必须遵守的一项首要原则。把人的生命安全放在重要的位置，这是一个国家文明和进步的体现，国家的发展和建设不应该以牺牲人的性命作为代价，这也是我国一直所坚持的，这些年我国不断地围绕建筑安全的主题进行教育和宣传，并且为此制定了一系列的制度和政策。国家对于建筑安全的监督和管理固然重要，但是建筑施工安全管理的主体是施工企业，安全管理工作做得好坏，关系到企业的发展，关系到企业的生死存亡。施工企业一旦在发生了安全事故，就面临着经济赔偿、罚款、停工整改等处罚，并且会对企业的形象造成一定的影响。因此，要不断强化施工企业生产管理安全上主体责任意识。在此基础上通过安全评价使施工企业认识到企业目前的安全状态，并且从评价的结果中找寻企业安全生产过程中的不足，从而使施工企业能够有针对性地改进施工现场的安全状况。2011年12月2日，国务院正式发布的《关于坚持科学发展安全发展促进安全生产形势持续稳定好转的意见》明确指出，坚持科学发展、安全发展是经济发展、社会进步的必然要求，是解决安全生产问题的根本途径。

对每一个人生命的尊重,是一个民族文明程度的基本表现,社会的安全生产水平也是一个国家进步程度的重要考量。社会的发展决不允许以牺牲人的生命为代价,这也是中华民族历来所坚持的传统观念。只有切实保障了人民的生命财产安全,社会的发展才有意义,国家的进步才有动力,人民才能真正幸福起来。

长期以来,国家十分重视安全管理工作,尤其是建筑业的安全管理,先后出台了一系列相关法律法规,形成了较为完备的建筑安全法律体系。但是,随着我国经济的飞速发展,建筑业也正在经历着翻天覆地的巨大变化,安全管理、安全技术方面的新问题、新矛盾、新课题,不断涌现在我们面前。如何正确合理地评价施工现场的安全状况、有效地排除安全隐患、预防和减少安全事故的发生,已经成为施工企业亟待解决的重要课题,更是施工现场安全管理的最大难题。我国大多数建筑企业对施工现场的安全管理仍然局限于现场巡查,对项目进行过程中的整体安全状况无法有效评价,对现场的安全程度只能凭借个人经验做出判断,受人为因素影响较大,缺乏科学性、稳定性。因此,研究一套可以遍历施工项目全程的安全评价动态管理体系势在必行。

第二节　研究的目的及意义

一、研究的目的

施工安全评价目的有以下几点。

1.降低安全事故的发生率,减少施工企业的损失

对建筑施工安全进行综合评价,其目的是确定施工现场所处的安全状态,发现建筑施工系统中存在的危险因素以及可能导致的危害结果。在评价的基础之上,能够更有针对性地消除施工现场潜在的危险源,制定出相应安全可行的对策,以便把安全事故控制在萌芽状态,减少施工现场安全事故发生率;同时避免了由此为施工企业带来的损失。

2.提高建筑施工企业的安全管理水平

针对影响建筑施工安全的因素众多,且不易进行全面控制的这一现实情况,通过建设施工安全评价,确定施工现场的安全状况以及可能造成的伤害类型,从而能够找出安全管理工作中存在的漏洞,摆脱了过去对于安全管理的盲从性,使得施工现场安全管理工作更有效率,从而提高了企业安全管理的水平和安全生产水平。

3.保障施工现场工人的生命安全

人的生命和健康的安全是最重要的,无论是采取什么样的手段或者政策,目的也是减少建筑伤亡事故的发生,因此,建筑施工企业把建筑安全生产放在第一位,就是把生命安全放

在第一位。通过安全评价可以发现施工现场存在的安全隐患,从而在事故发生之前,就消除了导致事故发生的危险源,避免了建筑安全事故发生导致的更大的损失,而本书所做的建筑安全综合评价,对现有评价体系做了进一步补充完善,以期进一步的改善目前的安全状态。

本书旨在建立一个方便有效的施工现场动态安全评价管理体系,可以根据管理方的需要,在不同的施工阶段对施工现场安全状况进行有效的评价,为施工现场安全管理提供帮助。根据可持续发展要求建筑业必须改变,原先粗放型的发展方式,遵循"安全第一,预防为主,综合治理"的基本方针。党的十六届五中全会更是将"安全发展"明确纳入"十一五"规划。在学术界,国外早在20世纪五六十年代就有大量学者针对建筑业的安全管理问题进行了系统深入的研究。结果表明,虽然事故的发生是诸多方面因素综合作用的结果,但是,绝大部分事故的发生管理问题密切相关。目前国内的施工现场安全管理大都停留在安全技术与安全经验层面,缺乏系统的安全管理体系,现场安全管理人员水平参差不齐,对施工现场的危险源辨识、安全评价与管理随意性大,无法进行动态管理和整体评价。本书以MATLAB软件为操作平台,运用神经网络算法,通过对专家样本的训练和记忆,以期建立一个便捷高效的安全评价系统,伴随施工进度实现对施工现场总体安全状况的评价控制,为施工现场安全管理提供准确可靠的判断依据。

二、研究的意义

发展中国家作为我国基本建设正处于高速发展期,安全问题不断地在社会问题中凸显出来,安全评价作为改善安全状态的手段,其主要的意义如下。

1.提高施工企业安全管理水平

在施工企业的安全管理过程中,只有采取一定手段和方法找到了漏洞或者不足才可以开展管理职能工作,那么阻碍管理者进行有效管理的正是不能够及时发现问题,不能够准确找出不足,因此在管理过程中就不能够进行有的放矢的管理,安全评价作为发现管理漏洞的一种手段,为安全管理工作提供了明确的方向,使施工企业的安全业绩不断提升。

2.提高施工企业经济效益

安全生产对于一个企业来讲是十分重要的事情,因为一旦发生安全事故,企业将会面临很大的损失,甚至到破产的境地。安全评价使企业预先发现施工现场的安全状况,并在第一时间进行控制和管理,防患于未然,避免了安全事故的发生,这就在一定程度上为企业带来了经济效益,促进了企业的可持续发展。

3.促使企业履行安全标准

建筑施工安全评价有利于督促企业贯彻实施安全标准等防范措施。有些企业不能完全履行国家所规定的各种安全措施,总是在发现问题后才知道补救。通过安全评价,能够使企业发现现存不安全因素,从而督促企业制定一些防范措施消除这些不安全的因素,这就实现了安全防范措施的贯彻实施。

4. 提高施工企业的综合实力和市场竞争力

一个企业的安全管理水平上升,会对企业的其他方面产生积极的影响,通过安全评价,可以促使施工企业不断地改进和提升自己的安全管理水平、完善安全生产制度。安全管理水平的增强,会渗透到施工企业的质量管理和文明施工等各个层面,使企业建设出更加优质的工程项目。企业综合管理水平的上升,提升了施工企业的综合能力,构建了良好的企业文化,增强了企业的责任感和员工的归属感,最终提升了施工企业的市场竞争力。

5. 减少施工安全事故的伤亡

通过安全评价,及时发现安全隐患,并及时纠正,减少了施工过程中伤亡事故的发生,有利于促进企业健康发展。建筑业属于高危行业,不断提高建筑施工安全管理的水平十分重要。近年来,我国施工企业的安全管理水平不断提升,但从建设部发布的安全事故死亡数据来看,我国建筑安全水平仍有很大提升空间。建筑施工安全评价,可以使企业找出自身的不足,从而为提高企业的建筑安全管理水平采取一些行之有效的方法,减少伤亡事故,为构建以人为本的和谐社会做出应有的贡献。

6. 改施工现场安全状况,保护人民生命财产安全

人民的生命财产安全是最基本的安全问题,是一切问题的先决条件。如果连生命财产都无法保护,任何社会都无法稳定持续地发展进步。建筑安全事故对劳动者、对企业、对社会都会造成极大的损失。改善建筑行业的安全现状,推动建筑业健康发展,最基本、最迫切的就是改善施工现场的安全状况。

7. 提高企业管理水平,提升企业综合实力

企业安全管理水平的提高,将会对企业产生积极的影响,通过施工现场的安全评价,建筑施工企业可以继续加强和提高安全管理水平。这所带来的好处不仅仅是降低了事故发生率,它会渗透到施工企业工作的各个环节,提升企业的综合竞争力。随着安全管理能力的提升企业的各个方面都在提升包括市场竞争力、社会责任感以及员工的归属感,这些积极方面给企业带来了无尽的收益。在西方发达国家,企业管理早已完成了从经验管理向科学管理的蜕变。而我国的众多企业,尤其是建筑企业,管理水平与世界先进企业还有明显的差距。通过不断的安全评价,全过程的系统监控,企业才能发现问题、改正问题,从而提升自己的管理水平,完善企业的相关制度,提高企业的市场竞争力。在这个过程中,企业对员工的发展、对制度的改良、对企业安全文化的构建,都将得到全面推动,最终达到提升企业综合实力的目的。

8. 丰富和完善安全评价技术内容,促进建筑业发展进步

安全评价方法在我国的发展历史并不长,它来源于保险行业,后来才逐步运用于施工现场的安全评价方面。由于评价方法种类繁多,不易操作,评价效果也参差不齐,加上部分企业对安全评价不够重视,国内目前对安全评价的应用并不广泛。尤其是定量的、系统的、动态的安全评价,大都仅仅停留在学术层面,无法从理论真正走入施工现场的生产实践中。本书希望能够利用基于 MATLAB 软件平台的神经网络算法,构建一个能够方便有效地、真实可靠的对施工现场总体安全状况进行评价的程序软件,将安全评价从繁杂的理论推导中解脱出来,运用到施工现场安全管理人员的实际工作中去,为祖国的建筑事业略尽绵薄之力。

9.高层建筑施工企业的安全管理水平提高

在建筑施工企业安全管理的过程中,只有通过一定措施和方法找到了不足才能够开展管理职能的工作,事实上,不能够准确地找出漏洞阻碍了有效的管理,所以在管理中就不知道重点在哪儿,施工安全评价提升了高层施工企业的安全管理业绩。

10.有利于提高高层施工企业的经济效益

对于施工企业,安全生产是非常关键的事情。施工安全评价是一个预测性的工作,它可以通过收集的指标数据来评价一个施工现场的安全状态,同时预测出现场的问题所在,这对施工现场管理人员有极大的帮助,使得他们可以预先进行相关工作把安全隐患扼杀在萌芽阶段。其实避免安全事故的发生就是在为施工企业创造经济效益,只有秉持着这样的思维模式,企业才能有良好的发展前景。

11.促使企业履行安全标准

施工企业要采取一定的安全防范措施,究竟采取哪些措施,如何实施,这些问题施工安全评价都会给出回答。国家颁布了建筑法规,但总有一些企业不能遵守,等到安全事故真的发生了才知道去补救,已经晚了。有了安全评价就可以使得施工企业管理人员有的放矢,对症下药,促使安全防范措施落到实处。

12.减少和避免高层建筑施工安全事故中的伤亡

施工现场安全评价可以指引施工人员及时发现现场的安全隐患并及时予以纠正,避免发生人员伤亡事故,有力地推动企业的健康发展。建筑业是高度危险行业,必须提高施工安全管理水平,这对高风险的高层建筑十分重要。近年来,施工企业正在不断提升安全管理水平,但是看看建设部发布的数据,在我国因为施工安全事故每年丧生千人左右,这说明当前我国建筑安全需要改善,并且要走的路还很长。进一步提高建筑施工企业的管理水平是十分必要的,建筑施工安全评价可以使施工企业找出自身的不足之处,并采取一些行之有效的办法,减少人员伤亡事故。

第三节 国内外对于安全研究现状

一、国内研究

(一)国内研究现状

改革开放以来,我国国民经济高速增长,建筑市场也日渐繁荣,但是,建筑施工队伍的快速膨胀也使安全管理工作面临着很大挑战。农民工作为施工队伍的主要劳动力,综合素质偏低、安全防护意识不足、职业技能培训严重缺乏的现象较为普遍,重大的伤亡事故也一度层出不穷。20世纪90年代初,我国加快了建筑施工安全方面的立法进程,一大批技术标准和规范相继出台,如《建筑施工安全检查标准》《施工现场临时用电安全技术规范》《建筑安全生产监督管理规定》等标准和规范。1998年3月,《中华人民共和国建筑法》正式颁布实施,标志着我国的建筑安全管理工作正式被纳入法制轨道中。随后,2003年、2004年,《施工企业安全生产评价标准》和《建设工程安全生产管理条例》颁布实施。我国建筑业安全管理规章制度体系逐步完善。

在学术研究方面,张彦明等阐述了安全管理的主要内容,指出了安全管理系统的构成途径,强调了施工企业建立完善安全管理系统的必要性和重要性,并将员工对安全生产工作的认识和态度、企业安全文化建设作为安全管理系统的重要组成部分。王建认为,现代建筑企业要想做好安全工作、提高企业安全管理水平,必须加强对全体员工的安全教育和安全培训,加强安全生产基础设施建设,减少和消除人的不安全行为和物的不安全状态。推行职业健康安全管理系统,完善安全生产管理制度。程杰在研究建筑安装工程施工安全管理问题时,运用了风险评价的相关理论,认为要想在施工现场有针对性地采取预防措施,必须首先分析清楚现场有哪些风险存在,才能将安全事故"扼杀在摇篮里",达到预防的效果。董大曼分析了施工项目的系统危险性特点,指出施工项目系统危险性具有固有性、脆弱性、时效性、多维性等特点。探索了施工项目危险源的辨识和管理,将安全网络技术运用到了施工项目危险源管理中,并设计了危险源管理信息系统的框架。在施工现场安全评价方面,钟茂华、陈宝智将神经网络引入到重大危险源的动态分级中,利用自组织神经网络的特点,克服了其他危险源分级方法的局限性,实现了计算机模拟的动态分级。鹿中山等将灰色关联法运用于建筑施工现场的安全评价,合理地确定各项安全评价指标的权重,考虑安全系统各因素间关联的灰性,更准确地评价建筑施工现场的安全管理水平。庄盛珠在研究隧洞安全监测问题时,建立了隧洞的自动化安全监测系统,应用光纤传感技术和自适应BP神经网络模型实现了对隧洞安全状况的实时、在线监测。唐正娟对我国现阶段建筑安全研究的方法和内容进行了总结和分类,对影响施工现场安全状况的众多因素进行分析,并从人、材料、机械设备方面、技术方面、管理方面、环境评价方面进行了细化,建立了更详细的安全评价指标体系,并运用BP神经网络建立了建筑施工现场的安全评价模型。王志等针对非煤地下矿山的特性,利用BP神经网络建立了具有针对性的安全评价模型,降低了人为影响因素,提高了评价结果的可靠性,并通过实例证明了该模型的可行性,展示了BP神经网络强大的兼容适应能力。

安全评价首先是在保险业开始的,后来才逐渐应用在施工安全评价方面。由于一些评价模型使用上的困难,和对安全评价的不重视,目前国内对建筑施工安全评价的应用还不是十分广泛,即便是进行安全评价,也仅仅是停留在定性评价的层面上,定量的、综合的建筑施工安全评价仅仅停留在学术方面,在实践中很难进行推广,主要因为现场安全管理人员对于评价模型缺乏一定的认识和了解。国内目前常用的一些定性的评价方法,其主要种类和内容有以下几种,

1.安全检查表法安全

检查表评价法在我国的应用最为广泛。国家对施工企业的安全评价就是用的这种方法,它是由一些有经验的工程师,根据自己的施工经验和安全理论知识而创建的,把实际施工生产中容易发生危险的原因一项项地列出来,形成一个方便进行安全检查的清单,评价时就根据所列清单进行评分,然后汇总分数,这是一种定性的评价方法。目前我国颁布的《建筑施工安全检查标准》就是一种安全检查表的方法实际应用。使用安全检查表对项目进行安全评价有很多优点:第一,安全检查表法操作比较简单,实用性比较强,可根据预定的目标检查危险和隐患;第二,安全检查人员可以按照安全检查表所列的细则来进行自己的工作,防止由于工作的疏漏,导致安全事故的发生,更有利于落实安全生产责任制;第三,由于安全检查表的简单明了,可以使每一个施工人员参与到安全检查和安全管理中来,达到群防群治的目的。使用安全检查表来进行安全评价也有一些不足,主要表现在:安全管理工作中的任何一个疏忽都有可能造成安全事故的发生,使用安全检查表的方法很难按照所打的分值来评定事故发生的可能性;一般情况下,安全检查表中的细则过多,很难进行全面综合的安全管理;对于每一个确定的风险,无法知道该风险因素的权重有多大,从而很难进行安全的重点管理,更无法进行定量的评价。

2.作业条件评价法

该评价方法所针对的对象不是整个施工现场,而是评价在施工过程中某一个施工程序的危险性大小。对其危险性评价的主要影响因素有三个,第一,根据以往资料确定该施工过程事故发生可能性的大小;第二,环境影响;第三,产生的后果或者损失。

其数学表达式为: $D = E \times C$

其中: D—— 危险概率;

E—— 环境影响程度;

C—— 后果或者损失。

该方法所评价的不是整个施工现场的安全状态,而是一个施工工序的危险性大小。使用这种方法进行安全评价,方法比较简单,而且评价的速度很快,其结果的可信度也较高。但是,上面的数学表达式中的三个参数的数值大小需要以往很多的资料作为依据,并且有人为规定的数量,因此该评价方法也有一定的局限性,并且这种方法很难对施工企业进行有效的指导。比如一个事故所产生的后果极其严重,却几乎不可能发生的事情的危险性可能比一个很有可能发生、产生后果不严重的危险性还要大。在这种情况下,其实我们应该不去理会几乎不可能发生的事情,而应该重点关注很有可能发生,后果不太严重的事件。而如果用该公式进行安全管理指导的话,有可能就会产生相反的结果,导致花费了大量的财力、物力

去避免一件几乎不可能发生的事情,却不去理会很有可能发生的问题。

3. MES 评价法

MES 方法和作业条件危险性评价法具有一定的相似性,只是在结构上更加简单,这种评价方法更多的是一种安全事故发生后损失的度量。其数学表达式为:

$$R = L \times S$$

其中:L——施工现场中某一道施工工序事故发生频率(由以往资料确定);

S——事故的后果。

该方法结构简单,从表达式可以看出只需要两个变量确定之后便可以进行评价。但是评价结果不可靠,需要有比较丰富的经验才可以做出较为准确的结果。因此,需要以往大量的安全事故资料和评价者比较丰富的安全管理工作经验做出的评价结果才具有比较高的可信度。

不仅如此,早在20世纪80年代初,我国就有安全系统工程的研究了,许多行业管理部门高度重视安全系统工程。许多单位学习了国外这种先进方法,并开始应用到实践当中。危险性较大的企业也把安全系统工程应用到了各自领域。一些行业和地方政府出台了一系列安全评价方面的标准和条例,颁布了《医药工业安全性评价通则》《兵器工业安全评价方法和标准》《石化生产经营安全性综合评价办法》《电子生产经营安全评价标准》《航空航天工业工厂安全评价规程》等。劳动保护科学研究所等单位完成了"易爆、易燃、有毒重大危险源识别和评价技术研究",该研究的成功具有里程碑意义,在定量评价中填补了缺口,标志着我国的安全评价由定性到定量的转变。

1996年10月出台的政策规定,必须评估六个类型的建设项目的健康和安全状况。2002年1月9日,国务院颁布了有关危险化学品管理的规定,存储、使用剧毒化学品的企业应每年进行一次对存储、生产设备的安全评估。2002年6月29日,我国颁布了《安全生产法》,规定建设工程项目实行"三同时"。

(二)国内研究成果

近年来,清华大学方东平教授对我国建筑安全中意外伤害事故所造成的直接和间接经济损失做了一定的研究,发现按照目前的统计方法,伤亡事故越严重,企业未记录的间接损失越大,企业所统计的损失只是总损失当中极小的一部分。清华大学华燕、王际芝提出了安全标准化管理的重要性,并对安全管理标准化在企业总部和项目部两个层面上所要进行的具体工作提出了建设性意见;同时,丁传波、关柯等人对建筑安全的评价方法也进行了积极的探讨。另外,一些学者还对本质安全提出了一些建议。总体上看,我国对建筑工程安全生产理论的研究还处于起步阶段,尤其对于能反映建筑安全现状的安全因素分析的理论与方法、安全事故预测、施工现场与企业的内部整体安全评价以及安全管理体制等方面的研究还缺乏系统性和实用性。所以有必要结合我国国情继续推进相关领域研究。

二、国外研究

(一)国外研究现状

西方发达国家,无论是理论探究还是实践探索,已经形成了一套较为科学完整的理论体系。早在20世纪30年代,保险公司为了评价自身所需承担风险的大小而开发了风险评价方法。它的出现不仅提供了保险公司的收费依据,更是直接降低了客户企业的事故风险,进而推动了各类企业、政府部门及专家学者对安全评价理论和安全评价技术的研究,并将安全评价的思想推广到了保险业以外的各行各业中。20世纪60年代,随着系统安全工程的进步,安全评价技术得到了极大发展。随后,美国的Jimmie Hinze、Edward Jaselslds、Levitt Raymond和John Everett,英国的Roy Duff,澳大利亚的Lingard等,从建筑施工层面进行了深入研究,开始将安全评价引入建筑行业,研究的主要方向包括建筑企业和施工项目的投入和收益、安全管理理论、安全技术与安全文化等方面,并取得了显著效果。相关文献表明,自从将安全评价引入建筑企业和施工项目后,美国建筑业的平均事故率下降了近50%。美国的建筑安全管理体系非常成熟,有许多经验特点值得学习研究。首先,美国建筑安全管理类的法律、标准非常完备。国家级法律法规与州一级的法规标准、各专业协会的标准既自成体系,又相辅相成,相互间协调统一,形成整体,并且各类法律、标准都会及时修订、完善。比如,早在1970年美国就正式颁布了《职业安全健康法》(Occupational Safety andHealth Aet),即著名的OSHA法案。这也是世界上首次颁布有关职业安全的法律。随后该法案不断被充实完善,并在1991年,美国颁布了专门针对建筑业的《建筑业职业安全健康标准》。联邦政府关于用电安全的法规,每三年即更新一次。其次,美国社会十分重视安全问题,尤其是安全教育与安全培训。美国的安全管理人员均具有较高的文化水平,也享受较高的薪资待遇,权力大且社会地位很高。在美国,建筑师、工程师的执业资格证由美国州政府颁发,且仅在该州范围内有效。唯有安全人员的执业资格证由联邦政府颁发,且在全国范围内有效。美国各工科院校均需设置安全课程,且由联邦政府负责编制统一教材、组织统一考试。再者,美国对施工企业的安全管理有详细而明确的要求。建筑施工企业必须有独立完整的安全监管体系,无论企业还是个人,都有着各自明确的法律责任,政府并不直接干涉企业的内部管理过程,但政府会履行监管职责并负责依法追究企业和个人应负的责任。施工企业需预先制订安全健康计划,确定该计划的总负责人并于开工前上报政府备案,如果发生事故,企业会蒙受巨大的经济损失,例如对受害人的经济赔偿、保险费率的大幅升高、因信誉下降造成的业务量骤减等。这也是从反面敦促企业做好安全工作,避免发生事故。最后,美国的安全技术也很发达,不断有先进的科研成果应用于施工项目现场,而且美国建立了完善的劳动保险制度,明确了各方的主体责任,推动了施工企业安全制度的建立,将安全管理落到了实处。

德意志民族一贯以严谨细致、一丝不苟著称,德国的建筑施工安全管理同样严谨而完备。德国关于建筑安全的法律、规范主要是《劳动保护法》和《建筑工地劳动保护条例》。德国的劳动部门负责对包括建筑业在内的各行各业安全生产工作进行监督管理。建设单位开工之前既要向建管部门报建,还要向劳动部门书面告知建设项目概况,否则将处以罚款。德国的建筑施工企业必须设立完整的安全保证体系,必须加入相应业务的行业协会,按规定缴纳工伤保险,设立专职安全管理岗位,成立劳动保护委员会等。在德国,建筑施工项目现场几乎所有的工人均为有职业学校培训经历的技术工人。建筑公司招聘新工人需由相应行业协会发布招工信息,应聘者也需经过行业协会组织的考试,并进入建筑职业学校培训三年方可开始工作。在德国,建设单位是施工项目的总负责人,项目开工前业主应聘请建筑师和协调员负责施工现场的安全管理。一旦发生事故,德国的处罚机制最为严厉。如果是一起有人员死亡的责任事故,施工企业所面临的损失甚至有可能上不封顶。德国联邦劳动局、联邦建管局、建筑行业协会均有对企业直接罚款的权利。日本作为我国的东亚邻居,其建筑施工安全管理研究成果对我们也有重要的参考价值。日本的安全生产工作由国家劳动省下属的国家劳动基准局负责。国家劳动基准局下设343个劳动基准监督署,代表国家对包括建筑业在内的各行各业安全、健康状况进行监督检查,重点检查施工单位事先制订的安全计划是否认真落实到位。日本《劳动安全健康法》将专职安全生产管理人员分为十类,分别是安全健康总管、安全管理员、健康管理员、安全健康促进员、行业医师、作业主任、统筹安全健康负责人、安全健康管理员、作业场所安全健康管理员和安全健康负责人。该法律明确规定施工现场的实际综合管理人应当担任安全健康总管,对于其他各级安全管理人员亦详细规定了各自的职责、学历要求、工作经验、技术水平等。无论是在日本国内还是国外的施工现场,每天开工前的班前会几乎成了日本建筑工人的标志。每天进入施工现场前,管理人员都会召集所有相关人员集合列队,对一天的工作进行总体部署和安全交底,并严格检查个人安全防护用品。作者在项目施工现场实习时曾与日本建筑公司有过交集,其务实严谨的态度确实值得国人学习反思。只要日本建筑公司当天有施工任务,这种班前会就一定会准时出现,过程完整到位,风雨无阻。这既表现出日本建筑业对安全问题的重视,更说明了日本国人素质之高,中国人想要赶超尚有一段不远的距离。

20世纪30年代,随着保险业的发展,安全评价技术逐渐成为时代发展的需要。20世纪60年代安全评价技术迎来了一个快速的发展阶段,原因是美国军工率先实施安全评价技术。"弹道导弹系统安全工程"是美国在1962年4月公布的第一个和系统安全有关的手册,第一次实际使用了系统安全工程。系统安全准则极大地影响了全世界的安全和防火领域。此后,系统安全工程连续在许多领域得到推广和发展,变成一种新的现代系统安全工程方法、理论体系,在现今安全科学中有着十分重要的位置。安全评价为越来越多的企业所接受,逐渐形成了自己的评价方法,进行提前预测,对系统的安全性和可靠性进行评估和分析,尽可能地避免损失。

1974年英国的帝国化学公司门得以美国岛化学公司评价方法为依据引入了毒性概念,

并在一些补偿系数上获得了成功,"门得火灾、爆炸、毒性指标评价法"应运而生。在 1974 年以前美国没有发生过核电站事故,在这种情况下原子能协会利用系统安全工程方法,提出了举世闻名的《核电站风险报告》,核电站事故发生后证实了这一风险报告的准确性。随着安全评价技术的发展,在现代施工企业管理中已经把安全评价放在优先的位置。

因为使用安全评价技术在减少事故,尤其是避免产生严重后果事故方面作用显著,很多生产经营单位和国家政府希望投入很大数量的资金从事安全评价。当前,超过半数工业发达国家已经把安全评价当作工厂设计和选择地址、系统设计、工艺过程、意外灾祸事先防备设施及拟订应付紧急情况计划的重大而主要依据。产生严重后果的意外灾祸导致人员严重受伤死亡和重大的财产丧失,推动各国议会、政府立法规定技术开发项目、工程项目都必须有安全评价,还对安全设计提出清晰确定的要求。日本的《劳动卫生安全法》规定由劳动监督署对建设工程项目实施事先检查核实和许可证颁发;美国则对关键建设工程项目的投产、完工都要求实行安全评价;新建的项目如果没有安全评价英国政府不允许启动;国际劳动工人组织也陆续发布《控制重大事故指南》《预防重大工业事故规程》和《安全使用化学品规程》,在安全评价要求方面提出了高标准。

目前,在国外尤其是欧美等发达国家进行安全评价时,之所以能够综合反映施工现场的安全状况,主要是应用一些定量的安全评价方法,比如指数评级法、综合评价法等,使用这些方法做出的评价结果科学性较高,并且对安全管理有着很好的指导作用。

1.指数评级法

指数评级法也成为危险指数评价法,是从施工生产过程角度进行考虑,进行安全评价补偿。这种方法操作简单、快捷,但是精确度却不高,所以应用的范围比较窄,在实际中的应用也比较少。

2.概率风险法

该方法就是根据以往某一个工序的统计资料,按照概率的理论和方法确定该工序危险性发生的可能性大小。该方法一般情况下由以下三个步骤组成:第一,识别引发的事件;第二,确定工序危险的概率;第三,进行定量的计算。但是概率风险法有以下两点的缺陷,首先,概率风险评级法的核心是要知道时间发生的概率,概率的估计是需要完整的历史数据和资料,对于施工安全评价,要得到完整的资料是很困难的;其次在概率风险评价的过程中需要很多的假设和专家判断,而由于专家的主观性和假设具有一点的误差,导致结果与现实有一定的差距。

3.综合评价法

综合评价法是尽可能找出能够影响所评价系统的所有因素,其评价结果能够反应整个系统的状态。利用综合评价来对建筑施工安全进行评价的方法比较多,其中最为常用和典型的方法有模糊综合评级法和 BP 神经网络法。

(1)模糊综合评级法。模糊论的思想在日常生活中也司空见惯,世界上的大部分事情不能够全部由绝对的词语来进行描述,绝大部分的事情并不是一种非此即彼的状态。同样,建筑施工安全状况也不能够用好或者不好来完美的衡量,如果用数字1代表好,用数字0代表不好的话,施工现场的安全状况不应该只是取0和1,它应该取尽$[0,1]$之内的任何数字,用来反映施工安全的状态。

这种评价方法具有综合性,依照各个因素的权重进行综合评价,因此评价结果是比较科学合理的,并且可以根据评价结果加强施工现场的管理。但是,该种评价模型也有一定的局限性,首先,评价方法较为复杂,不易操作;其次,评价指标的权重是人为设定的,可能造成与现实情况的严重偏离,造成评价结果的失误甚至是错误。我国的一些学者也使用该方法做了一些尝试,但仅仅是停留在学术上,在实际中推广还需要一段距离,狄建华等学者使用模糊理论对安全问题进行了初步的探讨。

(2) BP神经网络法。BP网络(Back-Propagation Neural Network)即误差回传神经网络。BP神经网络模型的出现,源自于生物学家对人类大脑的深入研究,因此BP神经是一种智能的数学模型,能够像人类一样在学习中不断地积累经验。BP神经网络模型的智能性,取决于其网络结构和计算模式,首先其模型结构是参照人类大脑神经系统中神经元的连接方式而建立的;其次,网络训练过程中的计算也是一种类似于人类对事物进行思考的误差反馈的过程。既然该模型能够从现实生活中的案例中学到知识和经验,就能够像一个具有一定知识水平的专家一样对事物进行判断,无论是需要判断的事物是线性的还是非线性的。

BP神经网络作为评价模型是非常合适的,学者唐正娟在对安全评价的学术研究中应用了此方法,本书也是使用BP神经网络进行建筑施工安全评价,所不同的是改进了的网络模型,使得能够克服自身稳定性差,训练时间长等缺点。

4. 层次分析法(简称AHP)

层次分析法是一种在各个领域使用十分广泛的数学模型,但在施工安全评价的应用比较少,主要是使用层次分析法对建筑施工安全进行评价,得出的结果无法判断施工现场安全状态的好坏。

以上介绍的几种国外经常使用的安全评价的方法有个共同的特点,就是计算非常复杂,在现实中甚至是无法手算实现的。由于计算机技术的普及,烦琐的计算都可以由计算机代为完成,因此这些方法的使用在现实生产过程中也得到了很大的提升。

(二)主要研究成果

外国学者一直以来对如何开展安全工作进行了很细致的研究。1976年,Levitt和Parker研究了施工企业管理的最高决策层对减少施工安全事故所起的作用,认为项目经理对安全问题的认识对指导安全工作具有十分重要的意义,安全员应通过安全现状水平来进行安全评价工作。此外,美国著名建筑工程安全管理学家Hinze从1978年开始对建筑安全问题进行研究,取得了诸多指导性成果。他详细研究了新员工和人员流动率对安全生产的影响,发现大部分工人如果随同一个安全员变换工地,那么这些工人的事故率会明显降低;如果承包商雇用一个工人的时间超过一年,工人的安全效率将显著提高,并且时间越长越安全。他还发现,增加工作中的安全监督工作有利于改善安全现状。另外还研究了安全监理的性格与安全状况的关系以及安全监理与工人的关系对事故伤亡率的影响,发现由安全问题产生的工作压力的增加会导致安全状况恶化,过分鼓励工人参加生产竞赛将更容易引起安全事故等。1981年,Hinze 和 Harrson 研究了安全计划对降低事故率的重要影响。此后,Hinze 和 Raboud 又研究了在项目建设过程中保持良好安全水平的方法。Samelson 和 Levitt 对业主如何选择安全的建筑承包商进行了研究,发现主动仔细挑选安全水平高的承包商的业主其工程项目更加安全;Liska 提出开创建筑安全的零事故"技术",着重强调项目开工前的安全计划、安全培训和安全教育工作,同时指出召开安全会议,提供安全防护措施的重要性。

三、当前我国建筑工程安全生产存在的问题

建筑施工具有环境复杂,工种多、工序多等特点,使得施工过程中的危险因素较多。由于我国建筑施工安全生产基础较弱,安全科技水平比较落后,安全体制不健全,所以,建筑业的高事故率的现象一直没有得到根本解决。具体分析我国安全生产存在的问题主要有以下方面。

1.法律、法规方面

与建筑施工相关的安全生产法律法规和技术标准体系有待进一步完善。虽然从20世纪90年代以来,我国颁布实施的有关建筑施工安全生产的法律法规已初步形成体系,在具体应用过程中对提高施工安全水平、减少伤亡事故的发生起到一定的作用。但与发达国家相比,仍存在利用行政手段而非法律手段来规范建筑施工安全工作的现象。这一点极大地阻碍了安全法律法规的实施效力。

2.施工企业安全管理方面

由于一些施工企业过分重视自身经济利益,安全意识淡薄、安全投入不足,导致对部分安全措施落实不到位;个别企业甚至认为安全工作属于"纯消耗",安全进行投入会减少企业利润,从而取消了安全管理机构和专职安全员的设置,致使某些施工现场的安全生产处于无人监管状态,一旦发生安全事故后果不堪设想。

3.政府监督方面

我国建筑安全监管体系仍然不够完善,监管机构不健全,安全监督人员数量少,经费不足,不能满足全方位监管需要;另外,由于监管手段单一,监督力度不够,使得政府监管不能适应现今市场经济和建筑业发展的要求。

4.施工安全预警方面

在进行施工危险源辨识后,如何做好安全预警工作是进一步的研究方向。预防建筑工程施工中的安全事故,从源头控制安全事故的发生是实现施工安全的基本保障。目前,我国

还缺乏施工安全预警方面行之有效的机制和理论的研究。对已发生的事故缺少深入研究和科学分析,安全事故信息不完整,未建立起一个全面的事故案例库来对施工安全进行预警。

5.安全评价方面

随着安全生产工作进一步开展,要对某项工程进行安全管理,安全评价工作就是重点。目前,我国尚未建立起一套适合于建筑工程施工的评价流程,适合于建筑安全评价的法律法规也不多;另外,很多施工企业和安全生产部门虽然接受了安全评价,但是在评价过后,并没有采取进一步的改善措施和治理对策,这使得安全评价机构形同虚设,安全评价工作失去了实际意义。如何对建筑工程的施工安全进行有效安全评价是本书研究的核心内容。

第四节　研究的主要内容与方法

一、主要研究内容

针对我国目前建筑安全事故频发的现状,建筑施工安全评价有助于发现施工现场的不安全因素。本书就是从这点出发,进行建筑施工安全评价研究。

(1)从研究安全评价的必要性出发,说明了研究该问题的目的和意义,并且阐述了目前国内在此方面的一些成果。

(2)通过建筑施工安全生产理论对安全事故规律的探寻,参考《建筑施工安全检查标准》确定输入指标和其打分的细则及其依据;通过对近年来我国建筑事故类型的统计分析,找出发生频率最高的建筑伤害类型,作为安全评价指标体系中的输出指标。从而建立起一个综合的、概括的、科学的建筑安全评价指标体系。

(3)结合建设项目特征和事故理论来建立评价指标体系。在施工安全的综合评价中,比较重要的是切实地了解施工现场的危险源和危险类型,建立起来科学的、系统的安全评价指标体系。此外,指标体系要体现综合性和客观性,必须全面真实地描述施工现场的安全状况。指标体系由输入指标和输出指标所构成,输入指标体系有很多种,每一种指标体系都有自己的特点,只要能够全面描述现场施工安全的状况即可。

(4)建立用于施工现场动态安全评价的BP神经网络模型,收集专家的施工现场安全评价样本,选取合适的网络结构和网络参数,针对施工现场的不完整样本提出了处理方案并加以验证。

(5)研究人工神经网络的基本概念和相关原理,分析了人工神经元模型的数学基础,并以此为单元推导建立了BP神经网络的数学算法,通过对该算法优缺点的分析,提出了针对性的改良方案,利用MATLAB软件编写程序,为建立改进的BP神经网络结构提供了合适的操作工具。

（6）提出了评价的模型并阐述其适用性。评价模型的选择对于建筑施工安全评价十分重要，首先应该明确的是建筑施工安全评价的模型是一个非线性的模型，因此一般的线性模型不能作为其评价的工具。而理论上讲，BP 神经网络法则可以逼近任何非线性的映射，因此用 BP 神经网络法来作为施工安全的评价模型十分恰当。但是 BP 神经网络自身的一些缺点影响了其使用功能，比如说不稳定，评价速率慢，易陷入局部最小等，为了增强模型的实用性，本书通过引入动量因子来优化了 BP 神经网络模型，使其在保持一般神经网络模型优点的同时，克服了其由于网络计算带来的缺点，优化了网络模型结构。

（7）构建模型并进行网络训练，并把它应用到实际项目中。模型的科学性、合理性以及两者的有机结合是成功进行安全评价的基础。但是评价指标量化的方法也十分重要，它直接影响着数据的真实性，尤其是使用改进 BP 神经网络这种人工智能的模型，数据的真实性很大程度地影响了评价结果的真实性和可靠性。这里所用到的数据来源方式是采用专家打分的方法，因此在进行专家打分时一定要找对所评价项目十分了解的专业人士对所评价指标进行打分。

二、研究方法

本书采用的是理论结合实践的方法，通过建立评价指标体系和构建评价模型，来把训练好的神经网络运用的实践过程中，并且不断地进行丰富和提高。如果单从评价方法上，本书也用到了定性指标定量化的方法，由于施工安全评价指标的特殊性，因此不可能所以指标都能够去定量地进行描述，因此，必须通过此种方法来对一些指标进行处理。

第二章
建筑施工安全建设理论

第一节 事故预防理论

一、事故预防理论的含义

安全管理工作应当以预防为主,即通过有效的管理和技术手段,防止人的不安全行为和物的不安全状态出现,从而使事故发生的概率降到最低,这就是预防原理。安全管理以预防为主,其基本出发点源自生产过程中的事故是能够预防的观点。除了自然灾害以外,凡是由于人类自身的活动而造成的危害,总有其产生的因果关系,探索事故的原因,采取有效的对策,原则上讲就能够预防事故的发生。由于预防是事前的工作,因此正确性和有效性就十分重要。

事故预防包括两个方面:第一,对重复性事故的预防,即对已发生事故的分析,寻求事故发生的原因及其相互关系,提出防范类似事故重复发生的措施,避免此类事故再次发生;第二,对预计可能出现事故的预防,此类事故预防主要只对可能将要发生的事故进行预测,即要查出由哪些危险因素组合,并对可能导致什么类型事故进行研究,模拟事故发生过程,提出消除危险因素的办法,避免事故发生。

二、国外事故预防理论的发展

为了探索建筑业伤亡事故有效的预防措施,首先必须深入了解和认识事故发生的原因。国外对事故致因理论的研究成果十分丰富,其研究领域属系统安全科学范畴,涉及自然科学、社会科学、人文科学等多个学科领域,应用系统论的观点和方法去研究系统的事故过程,分析事故致因和机理,研究事故的预防和控制策略,事故发生时的急救措施等。事故致因理论是系统安全科学的基石,也是分析我国建筑业事故多发原因的基础。

1.单因素理论

单因素理论的基本观点认为,事故是由一两个因素引起的,因素是指人或环境(物)的某种特性,其代表性理论主要有:事故倾向性理论、心理动力理论和社会环境理论。

(1)事故频发倾向性理论研究。1919 年英国的 Greenwood 和 WoodsH.H.对许多工厂里的伤亡事故数据中的事故发生次数按不同的分布进行了统计。结果发现,工人中某些人较其他人更容易发生事故。从这种现象出发,1939 年 Farmer 等人提出事故频发倾向概念。所谓事故频发倾向,是指个人容易发生事故的、稳定的、个人的内在倾向。而具有事故频发倾向的人称为事故频发者,他们的存在被认为是工业事故发生的原因。1964 年海顿等人进一步证明易出事的个人事故倾向性是一种持久的、稳定的个性特征。关于事故频发者存在与否的争议持续了半个多世纪,其最大的弱点是过分强调了人的个性特征在事故中的影响,无视教育与培训在安全管理中的作用。近年来的许多研究结果已经证明,事故频发者并不存在,广泛的批评使这一理论受到排斥。

(2)心理动力理论的研究。此理论源于弗洛伊德的个性动力理论,认为工人受到伤害的主要原因是刺激所致。其假设是,事故本身是一种无意识的愿望或期望的结果,这种愿望或期望通过事故来象征性地得到满足。要避免事故,就要更改愿望满足的方式,或通过心理分析消除那些破坏性的愿望。这种理论因为无法证实某个特定的机会引起某个特定的事故而被认为是不可行的。

(3)社会环境理论的研究。这一理论 1957 年由科尔提出,又称"目标—灵活性—机警"理论,即一个人在其工作环境内可设置一个可达到的合理目标,并可具有选择、判断、决定等灵活性,而工作中的机警会避免事故,其基本观点是有益的工作环境能增进安全,认为工人来自社会和环境的压力会分散注意力而导致事故,这种压力包括:工作变更、更换领导、婚姻、死亡、生育、分离、疾病、噪声、照明不良、高温、过冷以及时间紧迫、上下催促等。但科尔没有说明每个因素与事故发生的关系,也没有给"机警"下一个定义,使其理论价值大打折扣。

2.事故因果链理论

事故因果链理论的基本观点是事故是由一连串因素以因果关系依次发生,就如链式反应的结果。该理论可用多米诺骨牌形象地描述事故及导致伤害的过程,其代表性理论有:Heinrich 事故因果连锁论、Frank Bird 的管理失误联锁论等。

(1)Heinrich 事故因果连锁理论。20 世纪二三十年代,Heinrich 把当时美国工业安全实际经验进行总结、概括,上升为理论,提出了所谓的"工业安全公理",在 1941 年出版了《工业事故的预防》一书,首先提出了著名的事故发生联锁反应。Heinrich 提出的分析伤亡事故过程的因果链理论(又称为多米诺骨牌理论)认为,伤亡事故是由五个要素按顺序发展的结果。社会环境和传统、人的失误、人的不安全行为和事件是导致事故的连锁原因,就像著名的多米诺骨牌一样,一旦第一张倒下,就会导致第二张、第三张直至第五张骨牌依次倒下,最终导致事故和相应的损失。Heinrich 同时还指出,控制事故发生的可能性及减少伤害和损失的关键环节在于消除人的不安全行为和物的不安全状态,即抽去第三张骨牌就有可能避免第四和第五张骨牌的倒下。只要消除了人的不安全行为或物的不安全状态,伤亡事故就不会发生,由此造成的人身伤害和经济损失也就无从谈起。这一理论从产生伊始就被广泛应用于安全生产工作之中,被奉为安全生产的经典理论,对后来的安全生产产生了巨大而深远的影响。施工现场要求每天工作开始前必须认真检查施工机具和施工材料,并且保证施工人员处于稳定的工作状态,正是这一原则在建筑业安全管理中的应用和体现。

他阐述了事故发生的因果连锁论,事故致因中的人与物的问题,事故发生频率与伤害严重度之间的关系,不安全行为的产生原因,安全管理工作与企业其他管理工作之间的关系,进行安全工作的基本责任以及安全生产之间的关系等安全中最基本、最重要的问题。Heinrich 用因果联锁链理论说明事故致因,虽然显得过于简单,且追究遗传因素等原因,反映了对工人的偏见,但其对事故发生因果等关系的描述方法和控制事故的关键在于打断事故因果连锁链中间一环的观点,对于事故调查和预防是很有帮助的。

(2) Frank Bird 的管理失误理论。Heinrich 的事故因果联锁理论在学术界引起轰动,许多人对此理论进行改进研究,其中最成功的是 Frank Bird 提出的管理失误联锁理论。此理论不足过分地追求遗传因素,而是强调安全管理是事故联锁反应地最重要因素,是可能引起伤害事故的重要原因。他认为,尽管人的不安全行为和物的不安全状态是导致事故的重要原因,必须认真追究,却不过是其背后原因的征兆,是一种表面现象。他认为事故的根本原因是管理失误。管理失误主要表现在对导致事故的根本原因控制不足,也可以说是对危险源控制不足。

(3)"4M"理论。"4M"理论将事故联锁反应理论中的"深层原因"进一步分析,将其归纳为四大因素,即人的因素(Man)、设备的因素(Machine)、作业的因素(Media)和管理的因素(Management)。

结合 Heinrich、Frank Bird 以及"4M"理论事故链理论的研究成果,可以将事故联锁反应表示为五个前后衔接并有因果关系的不同因素,包括"伤害",即事故带来的各种损失,包括人员伤亡和经济损失;而导致"伤害"的原因是"事故"的发生,即人员与危险物体或环境相接触产生;而导致"事故"的原因是"人的不安全行为和物的不安全状态",即诱发事故的直接原因;再向前追溯到诱发事故的深层原因,即由"人、设备、作业及管理的不良因素"造成;归根到底导致事故发生的根本原因是"安全管理存在缺陷"。按照逻辑关系可以将事故联锁反应归纳为"安全管理缺陷"→(产生)→"深层原因"→(引发)→"直接原因"→(导致)→"事故"→(造成)→"伤害"。即:

伤害——生命、健康、经济上的损失;

事故——人员如危险物体或环境接触;

直接原因——人的不安全行为和物的不安全状态；

深层原因——人、设备及管理的不良因素；

根本原因——安全管理的缺陷。

3. 多重因素——流行病学理论

所谓流行病学，是一门研究流行病的传染源、传播途径及预防的科学。它的研究内容与范围包括：研究传染病在人群中的分布，阐明传染病在特定时间、地点、条件下的流行规律，探讨病因与性质并估计患病的危险性，探索影响疾病流行的因素，拟定防疫措施等。1949年葛登提出事故致因的流行病学理论。该理论认为，工伤事故与流行病的发生相似，与人员、设施及环境条件有关，有一定分布规律，往往集中在一定时间和地点发生。葛登主张，可以用流行病学方法研究事故原因，及研究当事人的特征（包括年龄、性别、生理、心理状况），环境特征（如工作的地理环境、社会状况、气候季节等）和媒介特征。他把"媒介"定义为促成事故的能量，即构成事故伤害的来源，如机械能、热能、电能和辐射能等。能量与流行病中媒介（病毒、细菌、毒物）一样都是事故或疾病的瞬间原因。其区别在于，疾病的媒介总是有害的，而能量在大多数情况下是有益的，是输出效能的动力。仅当能量逆流外泄于人体的偶然情况下，才是事故发生的源点和媒介。

采用流行病学的研究方法，事故的研究对象，不只是个体，更重视由个体组成的群体，特别是"敏感"人群。研究目的是探索危险因素与环境及当事人（人群）之间相互作用，从复杂的多重因素关系中，揭示事故发生及分布的规律，进而研究防范事故的措施。

这种理论比前述几种事故致因理论更具理论上的先进性。它明确承认原因因素间的关系特征，认为事故是由当事人群、环境与媒介等三类变量组中某些因素相互作用的结果，由此推动这三类因素的调查、统计与研究。该理论不足之处在于上述三类因素必须占有大量的内容，必须拥有足量的样本进行统计与评价，而在这些方面，该理论缺乏明确的指导。

4. 系统理论

系统理论认为，研究事故原因，须运用系统论、控制论和信息论的方法，探索人—机—环境之间的相互作用、反馈和调整，辨识事故将要发生时系统的状态特性，特别是与人的感觉、记忆、理解和行为响应等有关的过程特性，从而分清事故的主次原因，使预防事故更为有效。通常用模型（图、符号或模拟法）表达，通过模型结构能表达各因素之间的相互作用与关系。较具代表性的系统理论有：轨迹交叉理论、瑟利的人的失误模型及其下属扩展、P理论、能量释放理论、事故致因突变理论等。

（1）轨迹交叉理论。日本劳动省在分析大量事故的形成过程的基础上，提出了"轨迹交叉理论"。该理论认为，事故的发生是人的运动轨迹与物的运动轨迹异常接触所致，是物直接接触于人，或是人暴露于有害环境之中。这两类异常接触表示了事故类型。人与物两运动轨迹的交叉点（即异常接触点）就是事故发生的时空。在此模型中，物的原因被表示为"不安全状态"。存在这种状态的物体叫"起因物"，直接接触于人施以伤害的物体叫"施害物"。人的原因被表示为"不安全行为"。人的不安全行为与物的不安全状态是造成事故的直接原因。多数情况下,在直接原因的背后,往往存在着企业经营者、管理监督者在安全管理上的缺陷,这是造成事故的本质原因。因为发生事故,问题必定是发生事故的人或有关人员不知道、不会做或不去做,而所有这些问题本应该可以通过培训或管理监督来解决。就事故而言,问题的关键在于为什么会产生不安全状态和不安全行为,最重要的是研究管理者能否在事故前采取预防措施。上述问题不解决,事故势必还会重演。

(2)人的失误模型及其扩展研究。J.瑟利于1969年提出S-O-R模型,对一个事故,瑟利模型考虑两组问题,每组问题共有三个心理学成分:对事件的感知(刺激,S);对事件的理解(认知,O);对事件的行为响应(输出,R)。第一组关系到危险的构成以及与此危险相关的感觉的认识和行为的响应;第二组关系到危险放出期间若不能避免危险,则将产生伤害或损失。

(3)P理论(扰动理论)。P理论是"扰动理论"的简称,扰动(perturbation)指外界影响的变化。人和机械(设备)有适应外界影响变化的能力,有响应外界影响的变化做出调节的能力,使过程在动态平稳状态中稳定地进行。但这种能力是有限度地。当外界影响的变化超过了行为者(人、机)的这种适应调节能力限度,就会破坏动态平衡过程,从而开始事故过程。Benner和Lawrence指出,用有限的几颗骨牌,只能反映事故不同层次原因间的连锁关系,而不能反映事故发生全过程。事故是由众多原因经历相当复杂的过程,包含许多串联或者并联的因果关系,包含多重中断或没有中断的发展过程。事故过程中的一个事件(如某一行为者相继受到伤害或损坏),可能导致下一个事件发生(如导致另一个行为者相继受到伤害或损坏),直到事故过程结束。这种把事故看作由扰动开始,相互关联的事件相继发生,直到伤害或损坏而结束的过程,就是P理论的观点。被称为"扰动"的外界影响的变化包括社会环境变化、自然环境变化、宏观经济或微观经济的变化、时间的变化、空间的变化、技术的变化、劳动组织的变化、人员的变化和操作规程的变化等。

(4)能量意外释放论的研究。能量在生产过程中是不可缺少的,人类利用能量做功以实现生产目的。人类为了利用能量做功,必须控制能量。在正常生产过程中,能量受到种种制约的限制,按照人们的意志流动、转换和做功。如果由于某种原因能量失去了控制,超越了人们设置的约束或限制而意外地逸出或释放,则称发生了事故,这种对事故发生机理的解释被称作能量释放论。美国矿山局的M.Zabetakis调查了大量伤亡事故后发现,大多数伤亡事故发生都是由于过量的能量或干扰人体与外界能量交换的危险物质的意外释放引起的,并且毫无例外地,这种过量的能量或危险物质的释放都是由于人的不安全行为或物的不安全状态引起的。即人的不安全行为或物的不安全状态破坏对能量或危险物质的控制,是导致能量或危险物质意外释放的直接原因。

1961年Gibson提出了"事故是一种不正常的或不希望的能量转移"的观点,1966年美国运输部国家安全局局长Haddon引申了这个观点,各种不同形式的能量是工业生产的重要动力,但一旦产生逆流,与人体接触,就可能导致伤害。Haddon 认为,在一定条件下,某种形式的能量逆流于人体能否导致伤害,造成伤害事故,应取决于:人碰触能量的大小、接触时间与频率、力的集中程度。由此,他提出预防能量转移的安全技术措施可用屏障树(即防护体系)的理论加以阐明,并认为屏障设置越早,效果越好。目前屏障树理论在防止不希望的能量转移方面,已获得广泛应用。例如,运用限制运动、转动的速度,限制电压,限制浓度等来限制能量;用熔丝、接地、尖端放电等防止能量积蓄;用密封、绝缘、安全带等防止能量释放;用安全阀、减振装置、消声器等对能源设置屏障;用栏杆、防火门等在人与能源间设置屏障;用安全帽、防护靴、防毒面具等在被保护对象上设置屏障;用耐火材料、提高人员的生理心理素质等来提高承受能量的阈值。这些安全防护技术的成功运用,避免了大量伤害事故的发生。

总之,把伤害事故的原因归结为"不正常、不希望的能量转移",简明客观。由此可针对一种能量的形式研究出通用的防护措施;按不同形式的能量区分事故模式,比惯用的统计分类更明了;对某种能量形式,可以清晰地评价其危险性并制定相应地预防措施;可以像分析系统能量传递那样追踪能源;使人们更加注重能量积蓄与释放的机理;提醒人们注意在生产建设过程中所有种类能量的使用变化与相互作用。问题是大多数伤害事故是由动能失控转移引起的,这给伤亡事故的统计分析带来困难。

(5)事故致因突变模型的研究。一些学者研究系统安全时引入突变理论,从而建立事故致因的突变模型。目前,突变理论应用到系统安全中,主要是尖点突变模型。事故致因的突变模型认为事故的发生是由于人的因素(人的心理与生理状态、安全意识、安全教育、管理水平、应变能力、身体素质等)共同作用的结果。把人的因素 H 和物的因素 M 作为两个控制变量,把生产能力或系统功能 F 作为状态参数。事故致因的突变模型较以往的事故致因理论有所改进,主要表现在它能解释系统连续变化过程中系统状态出现的突然变化。有关文献对用这一模型来描述灾变时系统状态变化进行了论证和可行性分析。

5.其他事故致因理论

(1)Whittington 的失效理论。Whittington 等人将事故致因过程简化成为失效发生的过程,包括个体失效,现场管理失效,项目管理失效和政策失效。他们认为不明智的管理决策和不充分的管理控制是许多建筑事故发生的主要原因。

(2)Reamer 的事故致因理论。Reamer 在他的建筑事故致因模型中将事故的原因分成了直接原因和间接原因,但并没有指出两类原因之间的关系。方东平在对建筑安全事故致因进行简化的基础上,提出了直接原因可以完全被间接原因加以解释的假设。

1)Steve 的建筑事故致因随机模型。Steve 从约束—反应的角度提出了建筑事故致因随机模型,并利用事故记录对模型的有效性进行了验证。

2)注意力分散模型。注意力分散模型认为,物理危险或工人精神不集中导致注意力分散是导致建筑事故发生的主要原因。

三、国内对事故预防理论的探索

我国对事故预防理论的研究参考了国外的成果,大体上经历了基本相同的历程。早期的单因素理论,认为事故是由于人的过失造成;此后的双因素理论,认为事故的形成是由于人的不安全行为和物的不安全状态在同一时空相遇造成;发展到现在的三因素理论,其认为:工人(人)、机具(机)、环境构成了生产过程的硬件系统,为不断提高生产的安全能力,则需不断提高人、机、环境三者的安全品质匹配以及本质安全水平。

四、基于事故预防的系统安全标准化管理

人、机、环境系统是硬件安全生产力,而硬件安全生产力的建设则依靠安全管理来实现。安全管理的任务是充分利用现有的技术经济条件,建设具有最佳品质的人、机、环境本质安全的生产系统,实现安全生产的良性循环。

基于此,研究事故预防理论的基本原理和预防原则,贯穿整个安全事故发生链采取有效的预防措施,阻断事故发生的联锁反应。总结类似事故的发生原因、机理、环境因素,指导建设项目施工,提前发现问题、解决问题,避免事故发生或尽量减少事故损失,并根据其发生概率的大小,对已识别的每个安全事故关键环节采取相应的预防策略,进行系统安全标准化管理。

第二节 本质安全理论

一、本质安全的由来

本质安全从 20 世纪 90 年代开始逐渐成为安全管理研究的热点问题,有学者认为它是一种全新的安全理念,将会从根本上改变人类在事故处理和预防上的被动局面。但任何新技术、新思想并非凭空创造,而是以现有技术或思想为基石,因此本质安全思想的出现反映人类在事故预防技术和思想上的脆弱性以及对安全性的渴求。面对着频繁发生的空难、海难、矿难以及大量难以预测和预防的自然灾害,如地震、海啸、山体滑坡、泥石流及雪崩等,为找到一种有效途径,从而预防甚至是杜绝事故,相关学者在安全管理实践中进行广泛而深入的探索,提出了大量事故成因理论,如人为失误论、骨牌论、综合论等,试图从源头入手,对事故进行预防和治理。

本质安全概念的提出距今已过半个世纪,最初此概念源于 20 世纪 50 年代世界宇航技术界,主要是指电气系统具备防止可能导致可燃物质燃烧所需能量释放的安全性。本质安

全概念明确提出之前，就有与此概念非常接近的概念，也就是所谓"可靠性"。如美国航空委员会在1939年提出飞机事故率的概念和要求，这有可能是最早的可靠性概念；1944年纳粹德国试制V-2火箭时提出了最早有关系统可靠性概念，即火箭可靠度是所有元器件可靠度的乘积。

国内本质安全研究开展的并不晚，其前身是20世纪50年代关于电子产品的可靠性研究，但在学术上明确提出本质安全概念应该在20世纪90年代，此后本质安全研究迅速增加，有大量学术论文发表，其中有相当数量是针对本质安全定义的，几乎在每个研究本质安全的行业都有自己对本质安全含义的界定。

二、本质安全的含义

目前，国内对于本质安全的含义并没有形成统一认识。在外文文献中，与本质安全含义相近的词只有三个，如"Intrinsic safety""Inherent safety"和"Essential safety"。英文词典中"Intrinsic safety"作为一个固定词组使用，表示"原有安全度"，近似于我们所谓的"本质安全"。另外，中文中"本质"具有"原有"的含义。综合考虑这些因素，将"本质安全"译为"Intrinsic safety"。

与英文表达"本质安全"的三个词组不同，中文表达"本质安全"只有一个词组，但这并不意味着国内在此项研究中已经形成共识。整理和收集国内相关行业对本质安全的定义发现，虽然使用相同的词组，但不同行业所提的本质安全范畴却各不相同，甚至相去甚远，导致多种误解。目前国内比较重视本质安全研究的几个行业，如交通、电力、石油、煤炭和建筑业等，都给出了具有代表性的本质安全定义。

我国交通体系中，本质安全理论认为由于受生活环境、作业环境和社会环境的影响，人的自由度增大，可靠性比机械差，因此要实现交通安全，必须具有某种即使存在人为失误的情况下也能确保人身及财产安全的机制和物质条件，使之达到"本质的安全化"。

我国电力行业中，将本质安全界定为：本质安全可以分解为两大目标，即"零工时损失、零责任事故、零安全违章"的长远目标及"人、设备、环境和谐统一"的终极目标。

我国石油行业对本质安全最具有代表性的定义是：所谓本质安全是指通过追求人、机、环境的和谐统一，实现系统无缺陷、管理无漏洞、设备无故障。

我国煤炭行业中所谓的"本质安全"，是指安全管理理念的变化，即煤炭发生事故具有偶然性，不发生事故则具有必然性，这就是"本质安全"。

我国建筑行业对本质安全定义为：在一定的技术经济条件下，生产系统具有完善的安全防护功能，系统本身及运行过程中具有可靠的质量，通过追求人、物、环境、制度在安全问题上的和谐统一，实现系统无缺陷、管理无漏洞、安全无事故的持久性安全目标。

上述关于本质安全的定义均从系统自身及其构成要素的零缺陷上来阐述本质安全，对于技术系统适用。由于技术系统的构成元素之间是线性关系，系统的本质安全性等于所有元器件本质安全性的乘积,只要能保证所有元器件的本质安全性,整个技术系统就具有本质安全性。但各行业所涉及的系统不是单纯的技术系统,而是复杂的社会技术系统,是由其构成要素(人、物、信息、文化)通过复杂的交互作用形成的有机整体,系统具有自组织性,系统构成要素为非线性关系,构成系统的要素是一种智能体,从客观角度看,这些智能体无法达到本质安全性。对于智能体来说,安全性本身具有相对性,将随着时代发展和技术进步而不断得到提升。虽然复杂社会技术系统的构成要素永远达不到本质安全性要求,但这并不意味着整体系统无法达到本质安全性。应该强调,对于复杂的社会技术系统,其本质安全性并不代表系统的构成要素具有本质安全性,由于系统及其构成要素都具有一定的容错性和自组织性,只要在保证系统构成要素相对可靠的条件下,完全可以通过系统的和谐交互机制实现系统的本质安全性。

由此可见,上述关于本质安全的定义,从客观上说还停留在本质安全的表层含义,即所谓的外在本质安全,虽然也提到系统和谐、系统可靠性、人的观念变化、人的自由度、事故超前预防等,但并没有触及本质安全的核心内容,即本质安全的和谐交互性,实现系统本质安全主要是通过微观层面的和谐交互以达到系统整体的和谐,本质安全形成应该由外而内,最终通过文化交互的和谐性达到系统的内在本质安全性。

根据交互式安全管理理论,社会技术系统事故正是成因于其内外部交互作用的不和谐性。因此我们针对以上定义的缺陷,可以从系统的交互机制入手来定义本质安全。所谓本质安全是指运用组织架构设计、技术、管理、规范及文化等手段在保障人、物及环境的可靠前提下,通过合理配置系统在运行过程中的基本交互作用、规范交互作用及文化交互作用的耦合关系,实现系统的内外在和谐性,从而达到设备可靠、管理全面、系统安全及安全文化深入人心,最终实现对可控事故的长效预防。

由此定义可见,系统本质安全的实现具有前提条件。首先,系统必须具备内在可靠性,即要达到内在安全性,能够抵抗一定的系统性扰动,从而应付系统内部交互作用波动引起的内部不和谐性;其次,系统能够适应环境变化引起的环境性扰动,即要具备抵御系统与外部交互作用的不和谐能力;第三,本质安全必须能够合理配置系统内外部交互作用的耦合关系,实现系统和谐,这将涉及技术创新、制度规范、法律完善、文化建设等方面;第四,本质安全概念体现了事故成因的整体交互机制,因此事故预防应该从系统整体入手,最终实现全方位的系统安全。由此可见,本质安全是一个动态演化的概念,也是具有一定相对性的概念,它将随着技术进步、管理创新而演化,并且它是安全管理的终极目标,可实现对可控事故的长效预防。其主要措施是理顺系统内外部交互关系,提高系统的和谐性,并以事故的超前管理为实现方式,从源头上预防事故。

现代本质安全的含义已经扩大化,按照事故形成与发生的原理,结合系统工程理论,事故发生可以表述为如下等式:

人的不安全行为+物的不安全状态+作业环境的刺激+管理的薄弱=事故的发生

因此现代本质安全理论在一定的技术经济条件下，生产系统具有完善的安全防护功能，系统本身具有相当可靠的质量，系统运行中同样具有相当可靠的质量，要求人、设备、环境必须具备相当可靠的质量。将其分为运行本质安全、设备本质安全、人员本质安全、环境本质安全、管理本质安全等。运行本质安全指设备的运行正常、稳定，并且始终处于受控状态；设备本质安全是指设备在设计和制造环节上都要考虑使其具有较完善的防护功能，以确保设备和系统能够在规定的运转周期内安全、稳定、正常地运行；人员本质安全是指作业者完全具有适应生产系统要求的生理、心理条件，具有在生产全过程中较好控制各个环节安全运行的能力，具有正确处理系统内各种故障及意外情况的能力；环境本质安全是指与生产作业有关的空间环境、时间环境、物理化学环境、自然环境和作业现场环境等要符合各种规章制度和标准；管理本质安全是指管理主体对管理客体实施控制，使其符合安全生产规范，达到安全生产的目的。基于此，安全管理必须从传统的问题发生型管理模式逐渐转向现代的问题发现型管理模式。

三、基于本质安全的系统安全标准化管理

建筑施工安全生产的特点决定了安全管理的复杂性、多变性和不可预见性，基于此，为有效控制施工安全事故发生、规避事故的经济损失和人员伤亡，应用本质安全理论，实现安全系统本身及运行过程中的可靠性。通过研究安全事故的形成与发生机理，通过高效的安全管理，加强对人的不安全行为、物的不安全状态和作业环境的标准化管理，追求人、物、环境、制度在安全问题上的和谐统一，实现系统无缺陷、管理无漏洞、安全无事故的持久性安全目标。

以事故致因理论为基础，明确建筑施工安全事故的发生链，并将其各关键环节逐层分解，形成安全事故的故障树分析。同时，将故障树分析中的安全控制点一一映射到本质安全理论的四类诱因，即人的不安全行为、物的不安全状态、作业环境的刺激和管理的薄弱，从而针对每类诱因制定配套的预防措施和应急策略，真正实现建筑施工系统安全的标准化管理。

第三节　戴明管理理论

戴明管理理论反映了安全管理的全面性，说明了安全管理与改善并非个别部门的责任，而需要最高管理层领导的推动方可奏效。戴明管理理论的核心可以概括如下，

高层管理的决心和参与；

群策群力的团队精神；

通过教育提高安全意识；

第二章 建筑施工安全建设理论

安全改良的技术训练；

制定衡量安全的尺度标准；

对安全成本的分析及认识；

不断改进活动；

各级员工的参与。

一、持续改进思想

1. 持续改进思想的概念

持续改进（Continuous improvment）表明改进是伴随着问题产生和变化的动态过程，因此当前的改进方法只是最适合当前情况的方法，并不一定是最好的改进方法。波尔认为：持续改进是一种全公司广泛参与并对现有行为进行的逐渐式改变过程，此过程是有计划、有组织的系统性过程。基于此，总结持续改进具有以下特点：计划性、组织性、系统性、全员性。并且持续改进包括如下几个环节：查找问题、提供改进措施、实施改进和检查反馈。

项目管理中多方面都包括持续改进，以风险管理为例，持续风险管理流程主要是来源于卡耐基梅隆大学软件工程研究所的"持续风险管理指南"（CRM），在项目风险管理领域被称为项目风险能力成熟度模型（RMMM），这个框架基于成熟程度、文化和组织的其他相关属性，由一系列与项目相关风险的流程、方法和工具组成，并为风险管理提供一个主动管理的合理环境。其主要针对：一是对可能会出现错误的部分持续评估；二是决定哪类风险最重要，并且进行重要程度描述；三是实施处理风险的战略。这种基于过程的方法与传统基于事件的风险管理方法明显不同，后者是待风险事件发生后，采取措施阻止其再次发生。相反，持续改进的风险管理具有以下优点：一是能够在问题发生前预防；二是改进产品质量；三是使资源利用最优化；四是增进团队合作；五是为投资决策设立预期目标，并提供解决方案。

2. 持续改进思想的发展

安全管理是项目管理的主要部分，其目的是追求积极活动的最大化和不利活动的最小化。20世纪90年代中期以来，持续改进思想被引入到项目安全管理，这与国际标准化组织ISO9000标准和美国Garnegie Mellon大学软件工程研究所（SEI）的能力成熟度模型（CMM）的贡献密切相关。二者对于项目管理不仅体现标准方面、更体现管理思想和原则方面的意义，比如ISO9000提出管理的八项原则，CMM提出5个层次的持续改进。但二者的基础各不相同，前者是确定一个安全体系的最低要求，而后者强调持续的过程改进。尽管ISO/DIS9000：2000版也增加了持续改进原则，但仍属于单一层次的标准，而CMM模型分为5个等级，适用范围更加广泛。CMM将管理内容定义为若干关键过程任务，并设立初始化、可重复性的管理工作、识别组织基本能力的管理工作、确立企业竞争力的管理工作，通过持续改进方法提高企业竞争力和管理能力。目前来看，引入持续改进的项目安全管理基本原则，在ISO/DIS9000：2000的基础上，充分利用CMM持续改进方面的优势，建立起一套规范化且能持续改进的过程和安全管理循环,不断提高安全管理的质量和效率。

3.持续改进思想的应用

1989年,瓦特·哈姆菲瑞所著的《管理软件过程》中描述了早期的CMM(能力成熟度模型),提出了持续改进思想。CMM提出5个层次的持续改进,描述安全和过程管理并强调持续的过程改进。CMM模型的5个层次如下。

(1)原始的。这一成熟水平的组织,其软件开发过程是临时的,甚至是混乱的,没有几个过程被定义,常靠个人努力而取得成功。

(2)可重复的。这一成熟水平的组织建立了基本的项目管理过程来跟踪软件项目的成本、进度和功能。

(3)被定义的。这一成熟水平的组织,管理活动和软件工程活动的过程被文档化、标准化,并被集成到组织标准软件的过程中,所有项目都采用经批准的、特制的标准过程版本。

(4)被管理的。这一成熟水平的组织,收集软件过程和产品安全的详细措施,软件过程和产品都被定量的掌握和控制。

(5)优化的。处于这一成熟度模型的最高水平,组织能够运用从过程、创意和技术中得到的定量反馈,对软件开发过程进行持续改进。

二、PDCA循环

1.PDCA循环模式简介

PDCA循环是由美国安全质量管理先驱戴明提出的一个管理概念,利用"计划(Plan)—实施(Do)—检查(Check)—总结(Action)"循环来满足客户的安全质量要求。此概念源自于按客户要求开发新产品,也称"戴明循环"。也就是说,做一切工作或任何事情都必须经过四个阶段不停地周而复始地运转,四个阶段如下。

(1)P阶段(计划阶段)。制定实施目标的具体措施,根据要求和组织的方针,为提供结果建立必要的目标和过程。

(2)D阶段(实施阶段)。按指定的对策计划和措施具体组织实施并严格执行。

(3)C阶段(检查阶段)。根据方针、目标和产品要求,检查进度和实际执行的效果是否达到目标要求,并对过程和产品进行监视和测量,再报告结果。

(4)A阶段(总结阶段):总结经验,巩固成绩,将遗留问题转入下一个循环,采取措施,以持续改进过程业绩。

2.PDCA循环的基本内涵

P阶段(计划阶段),制定实施目标的具体措施,具体要分析目标现状、找出存在的问题。分析产生问题的原因,找出影响问题的主要原因,并制订对策计划和改进措施。其基本内容可简单概括为:做什么(What to do it)、为什么做(Why to do it)、何时做(When to do it)、何地做(Where to do it)、谁去做(Who to do it)和怎么做(How to do it),简称"6W"。在建筑施工安全管理计划上,首先要对目标现状进行分析,从施工企业的安全生产形势和安全生产状况着手,查找遗忘的一些安全问题,分析问题产生的原因,科学论证,周密检查,为制定施工安全管理目标提供依据;其次确定切实可行的安全管理目标,依据国家和地方政府的法律法规,结合前期的现状分析情况,采用科学的目标预测方法。根据需要和可能,采取系统分析的方法,确定合适的目标值,绘制目标管理图。目标确定后,就成为施工企业此时期安全管理工作的主体。目标主要有两种类型。一类是结果性目标,如工伤事故的次数和伤亡程度指标、安全投入指标、安全效益指标等。另一类是过程性目标,即用于强化安全过程管理的指标,如新进工人"三级教育"率、主要生产专业工种安全培训率、班组"三标"达标率等;再次根据安全目标的要求制定实施方法及具体的考核标准和奖惩办法,考核标准不仅应规定目标值,而且要将目标值分解为若干的具体要求。做到有具体的保证措施,并力求量化,包括组织技术措施、目标程序和时间、目标负责人及安全目标责任承诺书。

D阶段(实施阶段),按指定的对策计划和措施具体地组织实施和严格执行。计划已定(P阶段制订的计划),标准明确,施工企业各有关部门和个人应层层落实,逐级落实,按照既定的计划和进度,落实安全措施,实现施工生产安全。经过一个阶段实施后,计划总目标负责人应召集各分目标负责人,分析和汇总各部门的实施情况,以便对安全措施落实情况和下一阶段的实施进度进行分析、协调和修正。在此,计划总目标负责人应将具体工作交给员工,将员工的积极性和责任感充分调动起来,如果"事必躬亲",既违背了"安全生产、人人有责"和"安全工作需要全员参与"的原则,也不可能达到既定的效果。

C阶段(检查阶段),根据已制订的措施计划、检查进度和实际执行的效果是否达到目标要求,目的在于通过安全检查对建筑施工中的不安全因素进行预测、预防,以便及时消除物的不安全状态、人的不安全行为和潜在的职业危害,从而采取有效措施,防止各类事故的发生。当制订的安全目标计划进行一段时间后,企业各部门、各单位均针对自身安全管理中的薄弱环节采取了相应的整改措施,并取得了初步成效。但最终结果如何,还需要在生产过程中检验和确认,相关部门及负责人应及时对计划实施情况进行全面的检查和评估,检查评估的内容一般包括:安全计划的实施程度和完成效果等。常用的检查形式有企业领导层组织的检查、领导与群众相结合的检查、专业检查、班组自我检查。通过检查,能及时了解所制订的措施计划进度和执行情况,同时也能及时发现问题、排除隐患、纠正偏差,避免造成严重后果。

A阶段(总结阶段),总结经验,巩固成绩,它是PDCA循环的关键环节,也是安全水平改进及提高的基础。具体做法是:对实施情况检查评估后,计划总目标负责人(安全管理总负责人)召集与安全相关的所有单位或部门负责人对整个实施过程进行全面、系统的讨论、汇总和总结,将成功经验加以肯定,并纳入有关的标准、规定和制度,以便其他目标实施时有所遵循。将失败的教训进行总结整理,记录在案,作为前车之鉴,以防以后再次发生,并将遗留问题转入下一个循环。通过不断的循环实现各个目标,使安全问题得到解决,从而形成安全管理水平不断提高、不断改进的螺旋式上升态势。

3.PDCA 循环的特点

PDCA 循环有以下 5 个明显特点。

(1)周而复始的闭环过程。PDCA 循环的四个过程不是运行一次就完结,而是周而复始地进行。一个循环结束,解决了部分问题,可能还存在未解决的问题,或是出现新问题,再进行下一个 PDCA 循环,依此类推。PDCA 循环是资源由输入转化为输出的活动或一组活动的一个过程,必须形成闭环管理,四个阶段缺一不可。

(2)大环带小环。类似行星轮系,一个公司或组织的整体运行体系与其内部各子体系的关系是大环带小环的有机逻辑组合体。各级管理都有一个 PDCA 循环,形成一个大环套小环、一环扣一环、互相制约、互为补充的有机整体。PDCA 循环中,上一级循环是下一级循环的依据,下一级循环是上一级循环的落实和具体化。

(3)阶梯式上升。PDCA 循环不是停留在一个水平上的循环,不断解决问题的过程就是水平逐步上升的过程。每个 PDCA 循环,都不是在原地周而复始运转,而是像爬楼梯一样,每个循环都有新的目标和内容,即安全管理经过一次循环后,解决了一批问题,而且安全水平有所提高。

(4)PDCA 循环的关键环节。PDCA 循环中,A 是一个循环的关键,这是因为在一个循环中,从安全目标计划的制订、安全目标的实施和检查,到找出差距和原因,若没有此环节,已取得的成果将无法巩固(防止问题再发生),导致人们的安全意识可能没有明显提高,也提不出上一个 PDCA 循环的遗留问题或新安全问题。因此,应特别关注 A 阶段。

(5)运用统计的工具。PDCA 循环应用了科学的统计观念和处理方法。作为推动工作、发现问题和解决问题的有效工具,典型的模式被称为"四个阶段""八个步骤"和"七种工具"。

其中四个阶段就是 P、D、C、A。八个步骤是分析现状,发现问题;分析安全问题中各种影响因素;分析影响安全问题的主要原因;针对主要原因,采取解决的措施;执行,按措施计划的要求去做;检查,将执行结果与要求达到的目标进行对比;标准化,总结成功的经验,制定相应的标准;将没有解决的问题和新出现的问题转入下一个 PDCA 循环中解决。

通常,七种工具是指在安全管理中广泛应用的直方图、控制图、因果图、排列图、相关图、分层法和统计分析表等。

基于 PDCA 循环的上述特点,在绩效管理中严格贯彻 PDCA 的思想,是绩效管理有序进行、绩效不断提升的可靠保证。现代管理中,控制工作占有举足轻重的作用,绩效管理系统的"PDCA"循环涵盖了前馈控制、同期控制、反馈控制三个环节,从零开始,以滚雪球方式不断循环,一阶段终点即为新循环的起点,螺旋上升。在系统中,作业人员不是处于简单的被管理和被监控的位置,而是被充分调动积极性,参与绩效管理系统的建立与运行,系统强调的是作业人员绩效目标的提高和进步、个人及组织的共同发展,通过进行绩效管理,使组织与个人在发展过程中,明确目标,及时发现问题、分析问题、解决问题、不断前进,提高员工满意度和成就感,促进组织绩效的提高。

PDCA 思想的核心实质,是确保完成今天的工作并开发明天的工作。根据这种思想创建的绩效管理体系,充分体现了现代绩效管理的动态性、系统性。绩效管理中 PDCA 循环的各个阶段分别是:制订绩效计划(P)、绩效沟通与辅导(D)、绩效考核(C)、绩效反馈和面谈(A)。

三、基于 PDCA 循环的系统安全标准化管理

建筑施工安全管理是动态的、持续改进的过程。通过分析全国、各省级近 5 年的典型安全事故案例,研究其发生的原因和作用机理,总结责任人的安全职责及应采取的应急预案,形成安全事故数据库,有效实现项目各参与者的信息通畅和资源共享。同时,总结已发事故的经验和教训,指导在建工程的安全管理,通过持续改进的思想,不断完善现有的事故预防和应急方案,促进建筑施工安全管理的标准化建设工作。

通过研究 PDCA 循环模式的基本内涵和特点,结合建筑工程全寿命周期的阶段划分,计划阶段应加强对已发事故的总结,分析在建工程项目的特点,从而形成安全事故的关键控制点分析图及其措施体系;实施阶段针对已形成的分析图及其应急措施,控制人、物、作业环境和安全管理四类诱因,减少事故发生的概率和相应损失;检查阶段要强化安全生产责任人的职责权限,通过由下至上的逐级监管模式,规范建筑施工的作业过程,并加强各级作业人员的安全教育培训工作,有效实现由他律到自律的安全管理模式;总结阶段要重视信息的纵向和横向畅通,通过在建工程安全管理的实施过程,发现问题、提出问题、解决问题,不断地动态完善安全事故预防措施体系,通过循环管理模式,降低事故发生率和损失量,由此深化我国建筑施工安全标准化建设的工作。

第四节　基于可靠性工程的安全管理理论

一、可靠性工程理论及技术内涵

1. 可靠性工程理论

可靠性工程是对产品(零部件、元器件、设备或系统)的失效及其发生的概率进行统计、分析,对产品进行可靠性设计、可靠性预计、可靠性试验、可靠性评估、可靠性检验、可靠性控制、可靠性维修及失效分析的一门包含了许多工程技术的边缘性工程学科。它立足于系统工程方法,运用概率论与数理统计等数学工具(属可靠性数学),对产品的可靠性问题进行定

量分析。采用失效分析方法(可靠性物理)和逻辑推理对产品故障进行研究,找出薄弱环节,确定提高产品可靠性的途径,并综合权衡经济、功能等方面的得失,将产品的可靠性提高到满意程度的一门学科。其包括对产品可靠性进行工作的全过程,即从对零部件和系统等产品可靠性方面的数据进行收集与分析做起,对失效机理进行研究,在此基础上对产品进行可靠性设计。采用能确保可靠性的制造工艺进行制造,完善质量管理与质量检验以保证产品的可靠性。进行可靠性试验以证实和评价产品的可靠性,通过合理的包装和运输方式保持产品的可靠性。指导用户对产品的正确使用、提供优良的维修保养和社会服务以维持产品的可靠性。因此,可靠性工程包括对零部件和系统等产品可靠性数据的收集与分析、可靠性设计、预测、试验、管理、控制和评价。

在可靠性工程中,很重视对现场使用数据和试验数据的收集与交换。由于数据是可靠性设计和可靠性研究的基础,许多国家都具有全国性的数据收集与交换组织,建立各种数据库。整个可靠性工程中,均通过可靠性数据和信息反馈来改进产品的可靠性。

2.可靠性工程的技术内涵

可靠性工程是为适应产品的高可靠性要求发展起来的新兴学科,是一门综合了众多学科的成果以解决可靠性为出发点的边缘学科。它研究产品或系统的故障发生原因、消除和预防措施。其主要任务是保证产品的可靠性和可用性,延长使用寿命,降低维修费用,提高产品的使用效益。按照日本工业标准 JIS,对可靠性工程技术的定义为"赋予产品可靠性为目的的应用科学和技术"。

可靠性按学科分类,一般可分为可靠性数学、可靠性工程、可靠性管理和可靠性物理等分支。但从可靠性技术在生产过程各阶段应用的目的和任务划分,大致可分为以下几种,

(1)可靠性设计。通过设计奠定产品的可靠性基础,研究在设计阶段如何预测和预防各种可能发生的故障和隐患。

(2)可靠性试验。通过试验测定和验证产品的可靠性,研究在有限的样本、时间和费用下如何获得合理的评定结果。

(3)制造阶段可靠性。通过制造实现产品的可靠性,研究制造偏差的控制、缺陷的处理和早期故障的排除,保证设计目标的实现。

(4)使用阶段可靠性。通过使用维持产品的可靠性,研究产品运行中的可靠性监视、诊断预测,采用售后服务和维修策略等防止可靠性劣化。

(5)可靠性管理。组织实施以较少的费用、时间实现产品的可靠性目标,研究可靠性目标的实施计划和数据反馈系统。

也有按照对故障处理的先后程序将可靠性技术划分为事前、事中和事后分析技术。

(1)事前分析指在产品设计、制造阶段,预测和预防故障及隐患的发生。

(2)事中分析指在产品使用阶段通过故障监控和诊断技术,预测和预报故障的征兆及发展趋势,以便及时进行预防性维修。

(3)事后分析指在产品失效或发生故障后进行失效机理分析,将信息反馈给设计、制造部门,以便采取改进对策。

在可靠性工程中,一方面应用数理统计和现场使用信息反馈等手段,建立起能收集复杂产品可靠性的管理体系;另一方面通过对故障物理、试验技术的研究,提供有关故障的机理分析、检验、诊断和设计等技术。

可靠性和传统的技术概念有很大不同,其特点如下。

(1)管理和技术高度结合。可靠性工程是介于固有技术和管理科学之间的一门边缘学科。日本将可靠性技术比喻为"病疫学"和"病理学"密切结合的技术。所谓病疫学是指分析和追踪故障的起因,产生的环节,从而将信息反馈给有关单位,指导设计、制造环节的改进,即可靠性管理的任务。"病理学"则是研究具体故障的消除和预防技术。管理和技术结合,通过管理指导技术的合理应用,这就是可靠性技术的基本思想。

(2)众多学科的综合。产品、系统的可靠性并非孤立存在,受到许多环节、因素的影响。因此可靠性技术和许多领域的技术密切相关,需要得到如系统工程、人机工程、生产工程、材料工程、环境工程、数理统计等学科及以往失效经验的支持,并综合应用这些领域的技术成果解决产品的可靠性问题。

(3)反馈和循环。产品的可靠性首先是靠设计,并通过制造来实现设计目标。为将可靠性设计到产品中去,必须在设计阶段能预测和预防一切可能发生的故障,而预测、预防的依据是靠使用信息的反馈。反馈是可靠性管理技术的基本要点,没有反馈就没有可靠性。通过反馈使设计、试验、制造和使用过程形成一个可靠性保证的循环技术体系。循环的反复,使可靠性水平不断提高。

需要指出的是,虽然可靠性技术引入到各个领域,但应用模式并不相同。目前,除了数理统计、故障物理等基础学科的应用基本相同外,对于可靠性管理,可靠性技术的应用程度和范围因受到原有技术基础、管理体制等条件的限制,基本上都是结合具体的特点以独自的形式发展。

二、典型可靠性工程模型

典型的可靠性工程模型分为有贮备与无贮备两种,有贮备可靠性模型按贮备单元是否与工作单元同时工作分为工作贮备模型与非工作贮备模型。典型的可靠性工程模型分类,如图2-1所示。

建立系统可靠性工程模型时,采用的假设主要包括以下几种。

(1)系统及其组成单元只有故障与正常两种状态,不存在第三种状态。

(2)框图中一个方框表示的单元或功能所产生的故障就会造成整个系统的故障(有替代工作方式的除外)。

(3)就故障概率来说,不同方框表示的不同功能或单元的故障概率是相互独立的。

(4)系统的所有输入在规定极限之内,即不考虑由于输入错误而引起系统故障的情况。

(5)当软件可靠性没有纳入系统可靠性模型时,应假设整个软件是完全可靠的。

(6)当人员可靠性没有纳入系统可靠性工程模型时,应假设人员是完全可靠的,而且人员与系统之间没有相互作用的问题。

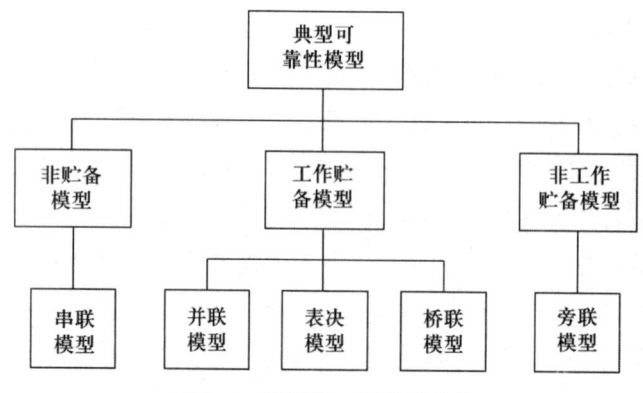

图 2-1　可靠性工程模型分类

1. 串联模型

系统的所有组成单元中任一单元的故障都会导致整个系统故障的系统称为串联系统。串联模型是最常用和最简单的模型之一。

串联模型的可靠性其数学模型为:

$$R_S(t) = \prod_{i=1}^{n} R_i = \prod_{i=1}^{t} e^{-\int_0^t \lambda_i(t) dt} \tag{2-1}$$

式中:$R_S(t)$——系统的可靠度;

$R_i(t)$——单元的可靠度;

$\lambda_i(t)$——单元的故障率;

n——组成系统的单元数。

当各单元的寿命分布均为指数分布时,系统地寿命也服从指数分布,系统的故障率 λ_S 为系统中各单元的故障率 λ_i 之和,可表示如下:

$$\lambda_S = \frac{\ln[R_S(t)]}{t} = -\sum_{i=1}^{n} \frac{\ln[R_i(t)]}{t} = \sum_{i=1}^{n} \lambda_i \tag{2-2}$$

系统的平均故障间隔时间 T_{BF_S}:

$$T_{BF_S} = \frac{1}{\lambda_S} = \frac{1}{\sum_{i=1}^{n} \lambda_i} \tag{2-3}$$

由式(2-1)可见,系统的可靠度是各单元可靠度的乘积,单元越多,系统可靠度越小。从设计方面考虑,为提高串联系统的可靠性,可从以下三方面考虑。

(1)尽可能减少串联单元个数。

(2)提高单元可靠性,降低其故障率 $\lambda_i(t)$。

(3)缩短工作时间 t。

2. 并联模型

组成系统的所有单元都发生故障时,系统才发生故障的系统称为并联系统。并联模型是最简单的有贮备模型。

并联模型的可靠性其数学模型为:

$$R_S(t) = 1 - \prod_{i=1}^{n}[1 - R_i(t)] \tag{2-4}$$

式中:$R_S(t)$——系统的可靠度;

$R_i(t)$——单元的可靠度;

n——组成系统的单元数。

当系统各单元的寿命分布为指数分布时,对于最常用的两单元并联系统,则有:

$$R_S(t) = e^{-\lambda_1 t} + e^{-\lambda_2 t} - e^{-(\lambda_1+\lambda_2)t} \tag{2-5}$$

$$\lambda_S(t) = \frac{\lambda_1 e^{-\lambda_1 t} + \lambda_2 e^{-\lambda_2 t} - (\lambda_1+\lambda_2)e^{-(\lambda_1+\lambda_2)t}}{e^{-\lambda_1 t} + e^{-\lambda_2 t} - e^{-(\lambda_1+\lambda_2)t}} \tag{2-6}$$

系统的致命故障间的任务时间 T_{BFS} 风为:

$$T_{BCF_S} = \int_0^\infty R_S(t)\mathrm{d}_t = \frac{1}{\lambda_1} + \frac{1}{\lambda_2} - \frac{1}{\lambda_1+\lambda_2} \tag{2-7}$$

由式(2-6)可见,尽管单元故障率 λ_1 和 λ_2 都是常数,但并联系统的故障率 λ_S 不再是常数,如图2-2所示。

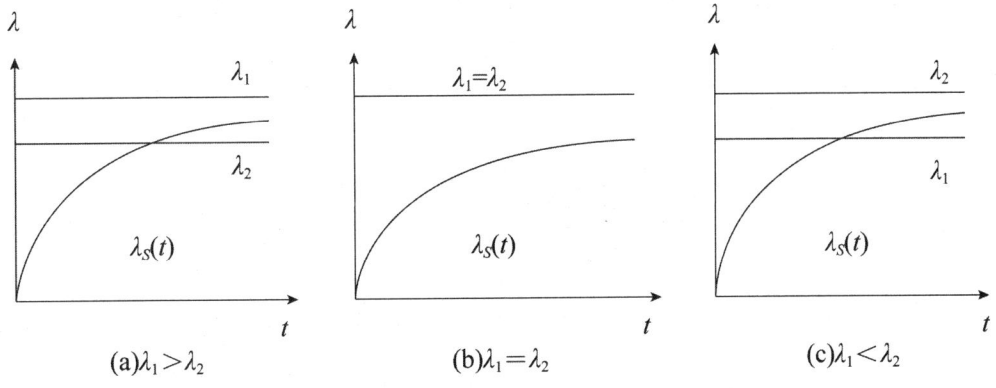

图2-2 并联模型故障率曲线

当系统各单元的寿命分布为指数分布时,对于 n 个相同单元并联系统,则有:

$$R_S(t) = 1 - (1 - e^{-\lambda t})^n \tag{2-8}$$

$$T_{BCF_S} = \int_0^\infty R_S(t)\mathrm{d}(t) = \frac{1}{\lambda} + \frac{1}{2\lambda} + \cdots + \frac{1}{n\lambda} \tag{2-9}$$

由并联系统可靠度函数与并联单元数的关系可见,与无贮备的单个单元相比,系统可靠度有明显提高,尤其是 $n=2$ 时,可靠度的提高更显著。但当并联单元过多时,可靠性提高速度大为减慢。

3. $r/n(G)$ 模型

n 个单元及一个表决器组成的表决系统,当表决器正常时,正常的单元数不小于 $r(1\leqslant r\leqslant n)$ 系统就不会故障,这样的系统称为 r/n 短表决系统,它是工作贮备模型的一种形式。

$r/n(G)$ 系统的数学模型:

$$R_S(t) = R_m \sum_{i=r}^{n} C_n^i R(t)^i (1 - R(t))^{n-i} \tag{2-10}$$

式中:$R_S(t)$——系统的可靠度;

$R(t)$——系统组成单元(各单元相同)的可靠度;

R_m——表决器的可靠度;

当各单元的可靠度是时间的函数,且寿命服从故障率为 λ 的指数分布时,$r/n(G)$ 系统的可靠度为:

$$R_S(t) = R_m \sum_{i=r}^{n} C_n^i e^{-i\lambda t} (1 - e^{-\lambda t})^{n-i} \tag{2-11}$$

当表决器的可靠度为 1 时,系统的致命故障间的任务时间 T_{BF_S} 为:

$$T_{BCF_S} = \int_0^{\infty} R_S(t) \mathrm{d}t = \sum_{i=r}^{n} \frac{1}{i\lambda} \tag{2-12}$$

在 $r/n(G)$ 系统中,当 n 为奇数(令其为 $2k+1$),且系统的正常单元数大于等于 $k+1$ 时系统才正常,这样的系统称为多数表决系统。多数表决系统是 $r/n(G)$ 系统的一种特例。三中取二系统是常用的多数表决系统,可靠性框图如图 2-3(a)、(b)所示。

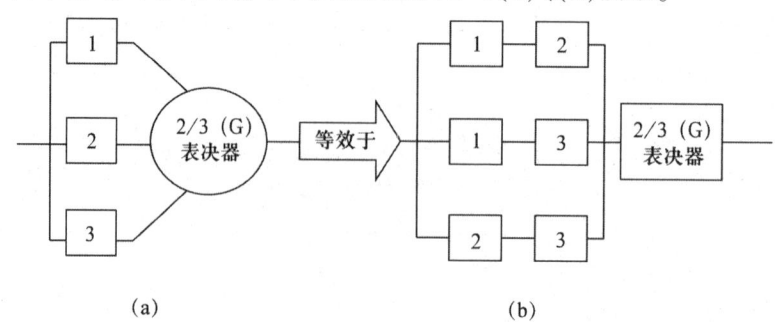

图 2-3 2/3(G)系统可靠性框图

当表决器可靠度为 1,组成单元的故障率均为常值 λ 时,其数学模型为:

$$R_S(t) = 3e^{-2\lambda t} - 2e^{-3\lambda t} \tag{2-13}$$

$$T_{BCF_S} = 5/6\lambda \tag{2-14}$$

当表决器的可靠度为 1 时:

$r=1, 1/n(G)$ 即为并联系统,

$$R_s(t) = 1 - (1 - R(t))^n \qquad (2-15)$$

$r=n, n/n(G)$ 即为串联系统,

$$R_s(t) = R(t)^n \qquad (2-16)$$

$r/n(G)$ 知系统的 $MTBCF_s$ 比并联系统小,比串联系统大。

4.非工作贮备模型(旁联模型)

组成系统的 n 个单元只有一个工作单元,当工作单元故障时,通过转换装置转接到另一个单元继续工作,直到所有单元都故障时系统才有故障,这样的系统称为非工作贮备系统,又称旁联系统。

非工作贮备系统的可靠性框图如图 2-4 所示,其可靠性数学模型为:

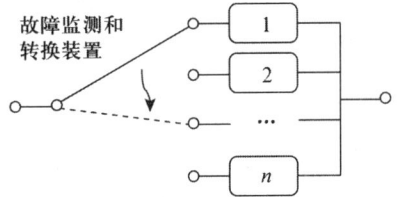

图 2-4 非工作贮备系统的可靠性框图

(1)假设转换装置可靠度为 1,则系统 T_{BCF_s} 等于各单元 T_{BCF_i} 之和:

$$T_{BCF_s} = \sum_{i=1}^{n} T_{BCF_i} \qquad (2-17)$$

式中:T_{BCF_s}——系统的致命故障间任务时间;

T_{BCF_i}——单元的致命故障间任务时间;

n——组成系统的单元数;

当系统各单元的寿命服从指数分布时:

$$T_{BCF_s} = \sum_{i=1}^{n} 1/\lambda_i \qquad (2-18)$$

式中:T_{BCF_s}——系统的致命故障间任务时间;

λ_i——单元的故障率;

n——组成系统的单元数。

当系统的各单元都相同时:

$$T_{BCF_s} = n/\lambda \qquad (2-19)$$

$$R_s(t) = e^{-\lambda t}\left[1 + \lambda t + \frac{(\lambda t)^2}{2!} + \cdots + \frac{(\lambda t)^{n-1}}{(n-1)!}\right] \qquad (2-20)$$

对于常用的两个不同单元组成的非工作贮备系统($n=2, \lambda_1 \neq \lambda_2$):

$$R_s(t) = \frac{\lambda_2}{\lambda_2 - \lambda_1}e^{-\lambda_1 t} + \frac{\lambda_1}{\lambda_1 - \lambda_2}e^{-\lambda_2 t} \qquad (2-21)$$

$$T_{BCF_s} = \frac{1}{\lambda_1} + \frac{1}{\lambda_2} \tag{2-22}$$

(2)假设转换装置的可靠度为常数 R_D，两个单元相同且寿命服从故障率为 λ 的指数分布，系统的可靠度为：

$$R_S(t) = e^{-\lambda t}(1 + R_D \lambda t) \tag{2-23}$$

对于两个不同单元，其故障率分别为 λ_1, λ_2：

$$R_S(t) = e^{-\lambda_1 t} + R_D \frac{\lambda_1}{\lambda_1 - \lambda_2}(e^{-\lambda_2 t} - e^{-\lambda_1 t}) \tag{2-24}$$

$$T_{BCF_s} = \frac{1}{\lambda_1} + R_D \frac{1}{\lambda_2} \tag{2-25}$$

非工作贮备的优点是能大大提高系统的可靠度，其缺点是由于增加了故障监测与转换装置而加大了系统的复杂度；要求故障监测与转换装置的可靠度非常高，否则贮备带来的好处会被严重削弱。

三、基于可靠性工程的建筑施工安全标准化方法

基于我国建筑施工行业的作业特点，将可靠性理论应用于建筑施工事故防范中，具有重要的现实意义和光明前景，是"以人为本"的安全管理理念的具体体现。系统安全科学的发展与可靠性工程理论密切相关。系统可靠性越高，发生故障的可靠性越小，系统越安全。其主要任务是研究产品的可靠度，提高质量、经济效益以及系统的安全、可靠性。在可靠性理论中，通过可靠性分配，可以将规定的系统可靠性指标自上而下、由大到小、由整体到局部，逐步分解，将系统的整体可靠度分配到各子系统、设备或元器件等。

现有建筑施工安全领域的研究多是从管理体制、施工人员素质、法律法规与安全文化建设等角度来研究建筑施工安全管理体系的构建。这些研究对于建筑施工安全管理具有重要的意义，但却忽视了此体系建设的可靠性。在体系工作过程中，若某环节失效或发生故障，从而导致整个体系瘫痪，将会给建筑施工带来不可估量的损失，鉴于可靠性工程的许多分析方法都能用于建筑工程安全标准信息化领域，可以将可靠性分配理论与建筑工程系统安全分析相结合，在给定建筑施工安全系统防御目标值条件下，建立可靠性分配模型，确定基本事件的可靠度，从而为建筑施工安全管理系统的优化提供可行的实施方案。

第三章 建筑施工安全事故分析及安全评价方法

第一节 建筑工程项目的特征

世界上很多国家的政府、研究和企业机构,都在致力于把安全科学和建筑业本身的特征结合起来,这主要是因为建筑工程的特征决定了建筑施工的危险性。分析建筑工程的特征,有助于认清建筑施工安全管理的本质,从而进行更为有效的安全管理。建筑工程项目特征主要以下几点。

1.建筑工程项目具有复杂性

建筑工程作为一个庞大的人机工程,在项目的实施过程中,人工、材料和机械相互联系,相互配合,相互作用才可以完成一定的任务。建筑项目能够安全的实施,其中最重要的因素是现场施工人员的安全知识和安全意识,此外,还有施工现场机械以及建筑材料的安全状态。因此,由人的主观意识和现场的客观状态所决定的安全生产影响因素众多,具有复杂性,这也决定了安全评价的复杂性,具体表现在,安全评价过程中很多因素不仅要考虑可以客观度量的,也要考虑主观因素的量化程序。在人工、机械、材料和环境的相互作用下,导致影响安全生产和评价的因素较复杂。

2.建筑工程项目具有单件性的特点

所谓单件性是指不存在两个完全相同的建设工程项目,两个不同的建设项目面临的风险是不同的,即使同一个工程项目在不同的时期、不同的阶段所面临的风险也不相同。因此,施工人员在不同时期,面对不同的工程,会存在着不同的危险。施工人员几乎每一天都会面临着一个全新的工作环境,并且在一个工程项目完成后,又会转移到一个完全不同的工程项目。因此,施工现场的安全状态不会长时间维持在一个水平,而是一个不断变化的动态过程,随着进度的不断推进,工种的更迭,现场安全管理的重点也是不断变化的。例如:在项目进行的初期,像洞口临边这种事故高发地段不会发生安全事故,也不是安全管理的重点。这就决定了在安全评价的过程中,必须进行随着工程的进度进行多次评价,因为不同时期所面临的风险也是不同的,安全评价不是一蹴而就的。

3.建筑工程的施工环境复杂

建筑施工项目大多在露天的环境中进行的,工作环境比较差且复杂多变,所进行的生产活动受外界的影响也比较大,其人员的整体素质比较低,这些都是施工现场很难控制的影响因素,制约着管理人员对安全的控制。由于工作环境比较恶劣,工作环境的周围到处都有危险源,加上施工现场进行的是流水作业,时常更换工作环境,常常导致相应的安全防护落后于施工过程。

4.建筑工程的实施者知识水平普遍较低

在我国,建筑业属于劳动密集型产业,技术含量相对来说比较低,施工人员的文化素质也比较低,更有甚者,有的一点施工经验和安全知识都没有,就在十分危险的岗位进行操作,为施工事故埋下了隐患。这时,管理上一些小的失误就有可能导致一些事故的发生。

上述特点都是建筑工程所固有的属性,建筑工程的这些特点决定了建筑安全管理的难度比较大。但实践证明,只要树立正确的安全意识,实行科学合理的安全管理措施,是可以营造一个安全工作环境的。撰写本书的主要目的是,通过对施工现场的评价,促进施工企业不断提升安全管理水平。

第二节 高层建筑施工特征

高层建筑工程施工大体上具备一般建筑的施工特征,相对中低层建筑施工而言,其特点主要体现在以下方面,

(1)项目工程量巨大、施工工序极为复杂。在高层建筑施工中,钢筋、土方挖填量、混凝土、模版、装修设备以及管线等使用量巨大,并且施工工序非常多,必须要多个专业间隔穿插进行,各个组织之间的合作非常复杂。

(2)施工准备过程中的工作量很大。因为高层建筑工程项目必须要数量很大的建筑材料,同时进行多个施工工序,因此施工前需要做大量的准备工作,包括各个专业的物质资源和人力资源的技术制备,建筑材料和机具设备的安置、采购和运输的线路,确保工程能够顺利进行。

(3)高层建筑施工的工期通常紧张,施工周期比较长,施工时间跨度很大,必须合理安排

工期,当雨期、冬季施工时要采取相应的防护措施。

(4)高层建筑的基础和地基处理起来非常费事,基础掩埋深度很大,所以基坑的开挖、支护和深层地下水处理直接牵涉到工期以及工程造价。

(5)由于高层建筑施工高处作业比较多,垂直运输量大,所以安全要求严格。施工时要做好大量设备、人员以及材料的垂直运输工作。而且狭窄的工作面,工作立体性非常强,为了提高工作效率,机械化程度要求较高,必须要有各种安全防护措施。

在施工进度有条不紊的进行下,确保施工场地和地面上的行人安全。高层建筑施工的这些独有的特征导致了其在施工过程中更加容易发生安全事故。随着现在建设的高层建筑越来越多,施工事故发生概率增加,因此研究高层建筑施工的特征,对症下药,才能找到真正确保高层建筑施工安全的办法。

第三节 建筑施工安全事故的致因理论

致因理论是分析建筑施工安全发生原因的基础理论。目前事故致因理论有很多学派,其中,行为和人因学派是事故致因理论最重要的两大分支。事故倾向性理论是行为学派的基础,该学派认为存在一部分人比其他人更有发生事故的倾向。人因学派的观点是事故发生的根本原因在于工作环境的错误以及人的错误设计。

一、海因里希的事故致因理论

海因里希安全理论内容在整个安全研究领域都十分重要,在这个理论基础之上发展有4个流派,行为和人因学派是事故致因理论现在最重要的两大分支。这一理论对于安全事故发生机理的阐述类似于蝴蝶效应理论,海因里希认为一个很小的危险动作和行为或者环境的微小变化如果不加以控制和约束,最终会导致很严重的结果。具体到施工现场的安全状态,按照海因里希理论,能够有效控制安全事故发生或者降低安全事故发生的可能性的措施就是从源头上抓住导致安全事故发生的原因,杜绝施工现场任何一个安全管理的疏忽导致事态的逐渐放大,最终导致安全事故的发生。并且,海因里希给出了能够导致危险发生的源头因素,社会环境和传统在施工现场反映为施工环境,人的失误和人的不安全行为在施工现场则反映的是施工人员的素质以及施工现场管理人员的管理水平。因此,在施工现场导致事故发生的连锁原因就是施工环境,施工人员的素质以及施工现场管理人员的管理水平以及各种突发事件。

这就要求我们再对施工现场进行安全管理的时候,必须从事故的源头抓起,避免产生事故的连锁反应,比如要认真检查施工机具和施工材料的安全状态,做好施工现场的安全防范措施,进行及时有效的安全事故处理,保证施工人员处于稳定的工作状态等,都是这一理论在工程建设安全管理实践中的应用和体现。

二、人机工程学的事故致因理论

安全人机工程学,作为人机工程学的一个应用学科的分支,也是理论界一大分支。它主要研究的是如何使人—机械—环境相互协调中去避免安全事故的发生。

虽然说人机工程学理论在工业生产的领域应用的比较多,但是具体到施工安全方面也有一定的应用价值。施工现场也相当于一个特殊的工厂,其目的都是为了生产,只是这个工厂生产的产品具有一次性以及生产的单件性等特点,但是其中也存在着需要使人—机械—环境相互协调的这样一种理念。在安全评价的研究中经常使用的,一种很著名的评价指标体系叫作"4M"因素法,即从人、环境、物(机械和材料)、管理四个方面进行评价,其在评价方面的应用,和人机工程学的事故致因理论非常相似,都非常强调这些评价因素之间关系的协调。

第四节 建筑施工安全事故发生的规律

一、建筑施工安全事故的主要类型

通过对2006年至2011年间大量的建筑伤害事故的统计分析可知,单项伤害所占比例比较大,几乎能涵盖所有事故,其类型分别是高处坠落、施工坍塌、物体打击、起重和机具机械伤害。据统计,这四大类型伤害一般占所有伤害事故的95%左右。在2006年以前,电击伤害也是在施工过程中常见的伤害类型,但是近年来电击伤害所占的比例越来越小,已构不成主要的伤害类型,2011年大约占事故总数的5%,因此,本书在安全评价的时候,不考虑电击伤害这一类型。知道建筑施工事故的主要伤害类型,可以从造成每种伤害类型的原因出发,采取有效的安全措施,避免事故的发生。为提高建筑业整体的安全管理水平,深入研究建筑伤亡事故的发生规律,并找出导致这些伤害事故发生的主要根源十分必要。

二、建筑施工安全事故的统计分析

1.按照伤害类型进行统计分析

根据住房和城乡建设部网站发布的数据(见表3-1),高处坠落是发生次数最多的伤害类型,大约占总发生次数的50%左右;其他三种伤害类型所占比例相当,均在10%~20%之间;四大伤害类型占真个建筑安全事故的比例为90%以上。因此,对四大伤害类型进行控制,就能够有效地减少安全事故的发生,这些伤害类型,在实践当中大部分是可控的,可见安全管理水平需要提高的空间还比较大。

表3-1 四大伤害类型数量及所占比例

单位:起

年份	高处坠落	坍塌事故	物体打击	起重和机具伤害
2010	297(47.37%)	93(14.83%)	105(16.75%)	81(12.92%)
2011	314(53.31%)	86(14.6%)	71(12.05%)	69(11.72%)

在施工现场,高坠事故一旦发生非死即伤,后果极其严重,并且很容易引发其他类型的伤害,比如当有工人从高处坠落时可能会引发砸伤其他工人的情况。因此,如果能够采取有效措施来避免高坠的发生,会很大程度地提高目前我国的安全状况。很多地方都能够引发高坠,尤其是脚手架更是高处坠落的高发地带,大约50%的高处坠落事故是在脚手架部位发生的。除了对事故高发地段认真进行安全检查、加强保护措施、设置警示标语外,提高施工现场的安全管理也是避免高处坠落事故发生的重要方法。

施工坍塌是一种危害程度很大建筑伤害类型。目前,在建筑施工中经常发生基坑和沟槽边坡塌方;脚手架由于不满足力学要求或者材料不合格发生垮塌;模板材料不合格或者荷载过大等原因发生坍塌事故;围墙等墙体质量不合格而倒塌及塔吊等起重设备倒塌的事故,给现场施工人员生命造成了很大威胁。2010年市政工程坍塌事故占事故总数的14.83%,导致的死亡人数占死亡总数的20.23%,因此坍塌事故的致死率较高,坍塌事故一旦发生,就会造成重大的损失。

2011年物体打击伤害类型的数量和比例较2010年有所下降,但依然占总事故数量的10%以上。为防止物体打击事故,应保证现场所有人员都戴安全帽、加强施工现场安全管理、进行安全教育等。起重吊装很容易发生危险,并且如果一旦发生危险,后果将十分严重,会产生巨大的损失。因此起重设备和塔吊的安全防护一定要引起安全管理者的格外重视,为防止起重和机具伤害,除了一些专项技术方案的设置之外,主要进行的还是完善的现场施工安全的管理。

2.按照事故部位进行统计分析

除了按照事故类型来对建筑安全事故进行统计分析,还可以按照事故发生的部位来进行统计。表3-2来自于住房与城乡建设部网站,表中事故发生的部位是安全事故发生频率较高的,洞口临边易发生的事故类型为高处坠落,据统计约35%的高处坠落事件发生在洞口临边,往往由于洞口临边缺少防护措施和安全警示标语等;脚手架对于项目的实施是必不可少的工具,一般容易发生的事故为高处坠落和坍塌事故,尤其是高坠事故。2000年以前,从脚手架发生的高坠事故事件大约占到了所有高坠的一半,又由于其在所有类型中所占比例最大,因此,对脚手架处加强安全管理不仅能够减少高坠事故,对改善现场的整体安全状况,其作用也十分的明显。此外,塔吊、模板和基坑也是事故的高发位置。

表 3-2 事故发生部位的数量极所占比例

单位:起

年份	洞口临边	脚手架	塔吊	模板和基坑
2010	128(20.41%)	78(12.44%)	59(9.41%)	100(15.95%)
2011	125(21.22%)	69(11.71%)	80(13.58%)	85(14.43%)

洞口临边、脚手架、塔吊、基坑和模板这几个部位发生的事故大约占到所有事故的 60%,是安全施工事故的高发位置。因此对这几个部位进行重点管理,对于减少安全事故的数量具有明显的效果。

三、高层建筑施工安全事故类型分析

高层建筑工程施工安全事故的表现形式多种多样,据统计,近年来最主要的安全事故形式有高处坠落、物体打击、机械伤害、坍塌、起重伤害、触电等,具体如图 3-1 所示。

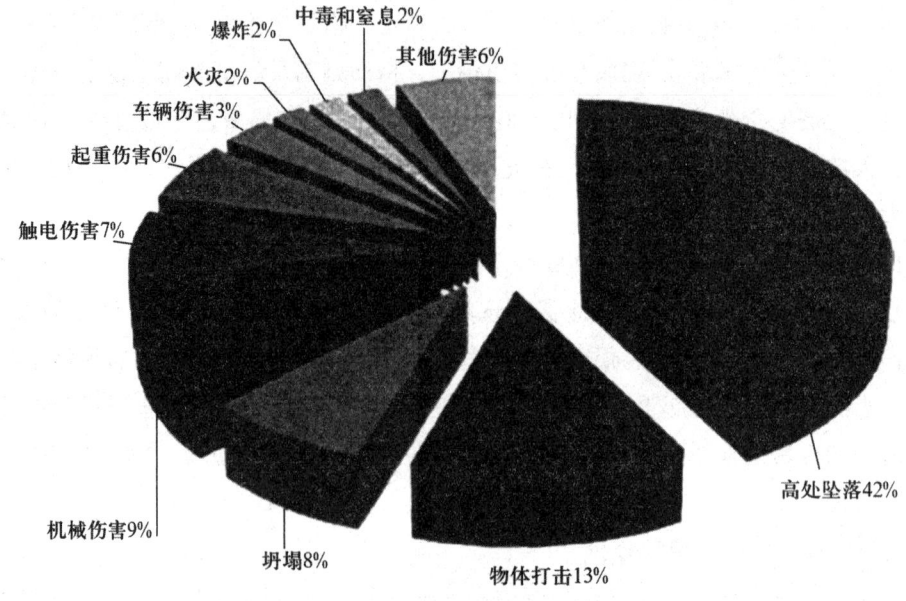

图 3-1 高层建筑施工常见事故

1.高处坠落事故分析

当今快速发展的高层建筑让城市变得赏心悦目,高食天际的摩天大楼变成了每座城市的地标,甚至成为一座城市现代化程度的衡量标准。那么动则 200 米、300 米,甚至 500 米、

600米的超级摩天大楼,如此高的高度给施工带来了前所未有的挑战,最明显的就是大量的高处坠落事故的发生,给现代美丽的超级建筑蒙上了阴影。

高层建筑施工中高处坠落事故类型多种多样,主要的不同点在于坠落的位置。如2015年3月6日石家庄某高层项目施工发生了高处坠落事故,导致了2人失去了生命。根据坠落的位置分类:从脚手架坠落、从垂直运输设施坠落。由于高层建筑超高的地上高度和巨大的荷载,其基础基坑非常深,易发生基坑口坠落事故。非常深的天井、楼梯口、洞口和电梯口,从这些地方坠落。还有从屋面、楼面坠落,从机械设备上坠落等。

导致高处坠落的原因非常多,包括大量的高处作业人员,保证这么多人员的安全难度极大,高层建筑巨大的工作量,也难免出现高处坠落的事故。施工企业的通病就是施工人员流量大,长期工不多,很多是干几天就不干了,导致工人操作不熟练,很容易出现高处坠落事故。有的施工现场作业条件差,现场临时设施非常多,不仅如此,多个工种相互交叉大大地增加了高处作业的难度,这些都是引起高处坠落屡屡发生的原因。

2.物体打击事故分析

高层建筑施工过程中,施工现场堆放的物体数量巨大,受场地限制,这么多的各类物体本身就是很大的危险源。如2013年12月30日,廊坊市某高层项目基础柱工程施工过程中,发生一起物体打击事故,1人当场死亡。高处的物体掉落,高大机械上掉落物体,都有可能砸到工人。物体打击主要的类型包括物体掉落和物体飞出砸伤人员。

物体打击事故的原因有四个方面:起重设备的拆卸、安装及吊装过程中,物料掉落砸伤行人;高层建筑上的木块、砖瓦等掉落砸伤行人;人为乱扔废弃物砸伤行人;运行老化或出现轻微故障的机械设备,导致机械设备物料或零件飞出伤人。

3.坍塌事故分析

高层建筑施工中的坍塌事故主要表现在基坑和地上主体部分。如2014年7月18日河北省邯郸市万聚凯旋城综合楼项目发生模板支撑架坍塌事故,当时在五层楼面上作业的有11名员工,其中的6名员工,随着掉落的模板、钢筋、混凝土和支架下落,造成3人失去生命、3人重伤。深基坑坑壁的土石方坍塌是非常典型的坍塌类型。由于地上土体建筑巨大的体量,在巨大的荷载下出现高层建筑沉降而墙体坍塌。此外,事故类型还包括施工临时设施坍塌、堆置物坍塌,支撑架、脚手架以及井架的将坍塌。

高层建筑施工坍塌事故的原因包括,基础出现滑移、基础被掏空、建筑出现沉降、地基薄弱等。此外,由于建筑物或构筑物施工质量不过关发生的出现倒塌,施工临时设施施工质量不过关而坍塌。堆置物胡乱堆放而引发坍塌,脚手架、井架支撑不合要求而倾倒。另外,强力的自然因素也是原因之一,如地震、台风、洪水等。

4.机械伤害事故分析

高层建筑施工难度大,需要使用大量的机械设备,机械设备在使用过程中会出现各种各样的事故类型。如2013年7月14日,江苏省某市锦绣华庭项目发生一起机械伤害事故,导致1人失去生命,直接经济损失77万元。机械伤害大多数不会致命却对人的伤害非常大,要坚决杜绝此类事故的发生。机械伤害事故类型包括,机械旋转部分的缴入、碾压和拖带伤害,还有机械工作部分的乳、钻、刨、削、挤以及砸等对人造成的伤害。此外,还包括机械部件飞出伤害工人,机械倾翻和失稳事故导致的伤害。

导致机械伤害事故发生的原因是多方面的,一方面是人的问题,施工人员违章操作导致机械发生异常而造成的伤害,工人安全意识薄弱,误入、滑入机械运转部分和容器;另一方面是建筑施工企业对施工人员的管理不到位,缺乏安全保护的设施,使用的机械自身存在问题,老化或者有毛病易失灵,这些都是导致机械伤害事故发生的原因。

5.起重伤害事故分析

高层建筑施工因为它的高度,导致需要把大量的材料、人员、设备等垂直运输到高空作业,这就是起重。如2008年3月22日,湖北省某小区在施工过程中发生一起施工升降机吊笼坠落事故,3人当场死亡。在施工过程中,每时每刻都在起重,人员、设备、材料,工作量之大难以形容。那么,在这样高强度的工作状态下,起重造成的伤害类型有很多种,吊物变形、折断、失衡和倾翻等,这些都是常见的起重伤害事故。此外,起重过程中超载,载物过多,载人过多都可能引发起重事故。

造成起重伤害事故的原因与机械伤害事故原因类似,一方面是人为的原因,施工人员操作不熟练,违章操作,安全意识薄弱。另一方面,建筑施工企业在安全管理工作不到位,起重机械存在安全隐患,对施工人现场安全保护设施不足可能会出现失灵、倾倒、掉落等事故。

6.触电伤害事故分析

高层建筑施工人员数量多,设备数量也很多,因此用电量非常大。施工现场有大量的临时或非临时的用电线路,以及大量的用电机械设备,极易发生触电事故。触电伤害事故类型有因风吹、雨林、水溅等不利条件导致设备出现故障,导致漏电现象。

触电伤害事故发生的原因包括施工现场电路设计不合理引发的安全事故,施工现场用电安全距离不够,安全用电管理不严、违章操作等。此外,风吹、雨淋、水溅等不利条件也是导致触电伤亡的主要原因。

综合上述,依据系统的、全面的、科学的原则,可以将引起高层建筑施工安全事故的原因分为人、材料、机械、技术、环境(施工现场)以及管理六大因素。各因素之间是相辅相成,互相影响互、相渗透的。研究高层建筑施工安全事故的原因,关键就在于分析人、材料、机械、技术、环境、管理因素以及它们之间的关系。

1.人的因素

人是高层建筑施工的主体,是一切行动的根本。这里的人指的是从事高层建筑施工的所有参与者,包括工程项目管理人员。施工操作人员以及施工现场的其他人员。人的因素就是指他们这些人的不安全的行为会导致事故的发生。导致施工现场安全事故的原因包括人的违规操作、工具操作不合理、用手工操作、操作不安全的设备施工以及人的安全防护装置失去作用等。

2. 材料的因素

材料是高层建筑工程项目的物质基础,本质上讲,高层建筑是由大量的各种材料通过人的劳动而构成的。这里的材料指高层建筑施工过程中用到的一切材料,包括钢筋、水泥、各种原料、涂料等。高层建筑施工现场狭窄,物料在堆放、装卸或者使用过程中都是一种潜在的危险源。材料的因素归纳起来有两方面,一方面是材料的质量,其直接决定着高层建筑工程的质量,决定着后期使用过程中人们的体验水平和安全。另一方面是材料的装卸和堆放,大量的材料在装运装卸中存在安全隐患,而且大量材料堆放在狭小的空间内给也施工现场增加了危险的因素。

3. 机械设备的因素

机械设备是高层建筑施工的必要条件,所谓巧妇难为无米之炊,没有工具设备任何摩天大楼都是空谈。大型机械设备的应用在高层建筑施工中非常普遍。机械设备的因素是指其在应用于高层建筑施工时会引发一系列安全问题,它们包括在机械进场装卸过程中引发的事故,垂直运输机械的大量使用,它的可靠性存在隐患。此外,机械设备长期使用,会出现老化,磨损等问题,这也是很大的安全隐患。

4. 技术的因素

技术代表着施工企业的技术水平,反映了施工企业的建设能力。如果施工企业不具备高层建筑施工的资质和能力,而去承接高层建筑的施工,工程的质量,人员的安全必将受到极大的威胁。所以,把技术作为一个系统原因是有必要的。技术的极包括施工组织设计的不完善,分部安全技术交底工作不到位。工程项目的设计对于高层建筑来说至关重要,设计不合理直接导致施工的难度和危险性增加。此外,还有一个重要的原因是工艺和工法的采用,这反映了一个施工企业的水平,新工艺和工法的采用可以提高施工的安全性和效率,事半功倍。

5. 环境的因素

高层建筑施工工期都很长,有的甚至很多年,这么长的时间,本来复杂的施工环境变得更加多变,而且,露天环境施工也加大了安全的不确定性。环境的因素主要包括,高层建筑当地的气候条件恶劣,如寒冷、暴雨、暴雪、酷热等。当地的地质条件,如水文条件不佳导致基坑进水,地质条件不佳导致基坑坍塌,建筑物沉降等。施工现场的环境因素还包括阴暗的照明,温度较高或较低,空气质量差等。此外,高层建筑施工所处的人文、社会环境也是重要的原因,动乱的社会局势必然会影响正常的建筑施工进度。

6. 管理的因素

管理虽然不是导致安全事故发生的直接原因,但是却是一个至关重要的因素。高层建筑施工是一个极为庞大的系统工程,如果没有良好的管理来运转整个系统,整个系统必然会崩溃。高层建筑施工质量如何,与管理的好坏密不可分。管理的因素包括方方面面,安全操作规章有缺陷,安全管理机构及岗位设置不合理以及高层施工事故救援制度不完善等都是管理上的原因。

第五节 安全评价法

我国《安全评价通则》(AQ8001.2007)将安全评价定义为:以实现安全为目的,应用安全系统工程原理和方法,辨识与分析工程、系统、生产经营活动中的危险有害因素,预测发生事故造成职业危害的可能性及其严重程度,提出科学、合理、可行的安全对策措施建议,做出评价结论的活动。安全评价可针对一个特定的对象,也可针对一定区域范围。国内外常用的安全评价方法有:安全检查表法、概率风险评价法(LEC)、MES评价法、事故树分析法、指数评级法等。

一、安全检查表法

安全检查表法是一种定性分析的安全评价方法,检查表的制定者根据自身的经验及系统分析的结果确定检查项目,并以列表打分、问答等方式将检查对象的评价结果分类制表,并进行综合评审得出结论。如原机械工业部制定的评价方法、原兵器工业部制定的工厂安全评价与标准等。该方法操作简单、实用性强,可根据预定目标检查安全隐患,对照安全检查表可以避免安全管理人员的疏忽遗漏,其简单明了的表达方式可以让所有生产者都参与其中,既普及了安全知识、推动了安全教育,又达到了群防群治、综合治理的积极效果。该方法是现有各种安全评价方法中最简单、最直观、最易操作的评价方法,也是实际安全管理中使用范围最广泛的安全评价方法。在建筑施工领域,我国于1999年颁布、2011年修订的《建筑施工安全检查标准》(JGJ59.2011)就是该方法的具体表现。

安全检查表法的主要问题有:第一,对于安全管理体系缺乏认识,没有系统的安全观,只能作为安全管理工作的辅助方法;第二,检查表受主观因素影响过多,检查表的制定依赖编制者的经验水平,检查评价的过程中对于主观指标难以做出客观评价,也无法客观评定检查对象的综合情况,只能依据主观经验,或者依据表格打分划分安全等级;第三,无法确定各风险因素的权重大小,细则众多,不能突出安全管理重点;第四,属于静态评价方法,无法对管理对象进行整体的动态安全评价。

危险源辨识有很多种方法,对这些方法进行归类,主要包括直接经验法和系统安全分析法。直接经验法适用于有可供参考先例的、有以往经验可以借鉴的危险源辨识过程;系统安全分析法常用于复杂系统、没有事故经验的新开发系统。在危险源的初步辨识过程中,常采用直接经验法,主要针对施工现场的一些具体情况对安全状态进行初步评价。下面主要对

第三章　建筑施工安全事故分析及安全评价方法

危险源识别的直接经验法进行具体应用。

1.安全检查表的制表

表3-3是笔者根据专家咨询和现场调研收集的资料,针对施工现场的各个影响因素编制的适合施工单位进行初步危险源评价的安全检查表。

表3-3　建筑工程施工现场安全检查表

项目名称:×××项目			
建筑面积:	×××m²	形象进度:	×××
建设单位:	×××房地产开发公司	项目负责人:	×××
监理单位:	×××监理公司	项目总监:	×××
施工单位:	×××建设公司	经理、安全员:	×××
序号	检查项目	主要检查内容	检查结果
1	施工单位安全资料	1.建筑工程施工许可证和工伤保险的办理	
		2.安全施工计划和专项施工安全方案	
		3.岗前安全教育记录和安全技术交底	
		4.日常安全检查记录,做到有记录、有整改、有销案	
		5.专职安全管理人员的配备、特种作业人员上岗证书	
		6.定期安全会议记录	
		7.脚手架、临时用电、起重机械设备验收记录	
		8.现场塔吊、龙门吊检测报告	
2	现场文明施工情况	1.施工现场与外界环境隔离保护情况	
		2.进出口设置"五牌一图"	
		3.施工现场材料堆放整齐度	
		4.是否存在工地随意住人的现象	
		5.配备相应数量的安全警示标志	
3	安全生产责任制的建立落实	1.施工企业安全生产责任制的建立和落实情况	
		2.施工企业主要管理人员到位履职情况	
		3.施工企业是否存在安全生产非法违规行为	
4	安全教育培训工作开展情况	1.新进场工人接受三级教育,并执行平安卡管理制度	
		2.建筑施工企业"三类人员"和特种作业人员须持证上岗,并按规定接受继续教育和办理年审等工作	
		3."安全生产月"期间开展安全宣传教育活动情况	

续表

序号	检查项目	主要检查内容	检查结果
5	脚手架工程	1.脚手架材质	
		2.脚手架搭设高度	
		3.端点的设置	
		4.剪刀撑、扫地杆的设置	
		5.作业层是否设置脚手板	
		6.卸料平台是否使用毛竹搭设且与架体相连	
6	临时用电安全保护措施	1.是否采用"三相五线制"	
		2.是否采用"三级配电、二级保护"措施	
		3.配电线路是否存在乱拉乱接现象	
		4.是否使用木质配电箱或用铜丝代替保险丝	
		5.配电箱无门、无锁、无防雨措施现象是否存在	
		6.临时用电无漏电保护器	
		7.是否采用"一机、一闸、一漏、一箱"措施	
7	"三宝四口"防护工作	1.高处作业安全网设置情况	
		2.作业员工安全帽、安全带使用情况	
		3.人行通道口、预留洞口、楼梯口、电梯井口防护情况	
		4.阳台、楼板、屋面等楼边的楼梯防护情况	
8	建筑起重机械设备的安装与拆卸	1.施工机械设备的装拆必须制定专项施工方案且须落实有关的审查、审批手续	
		2.施工前(包括安装、顶升、拆卸等),必须办理许可证并经验收合格后才允许使用;当设备超出检测有效期时,需重新办理有关手续,否则禁止继续使用	
		3.设备每日的运行情况要有详细的记录,定期对设备进行维修及保养。编制有针对性和实操性的应急救援预案,定期组织演练并有演练员进行记录	
9	劳动防护用品	1.劳动防护用品配置及使用情况	
		2.对工人定期开展正确使用劳动防护用品的培训教育情况	
		3.劳动防护用品管理制度的执行情况	
10	自查自纠情况	施工单位按上级文件要求开展安全隐患自查自纠工作,并做好相关记录	

第三章 建筑施工安全事故分析及安全评价方法

续表

序号	检查项目	主要检查内容	检查结果
	综合评价		好( ) 中( ) 差( )
处理意见：			
改进措施			
检查组组长： 检查组成员：			
施工单位意见			
监理单位意见			

2.编制安全检查表应注意的问题

笔者制定的安全检查表主要从施工过程中施工企业的安全基本资料、施工现场文明施工情况、生产责任制、安全教育培训工作开展情况、脚手架搭设工作、临时用电安全保护措施、"三宝四口"防护工作、建筑起重机械设备的安装与拆卸和劳动防护用品和安全自查工作等10个方面，针对每个方面可能涉及的具体问题，编制成检查表的形式来对安全基本状况进行初步评价。安全检查表的各项内容应针对不同的被检查对象有所侧重，分清各自职责内容，尽量避免重复；检查表的项目内容随施工工艺的改变、设备的转移、环境的变化和生产异常情况的出现而不断修订、变更和完善；凡能导致施工过程中出现安全事故的一切不安全因素都列出，以确保各种不安全因素及时被发现或消除。

在参照以上安全检查表对施工现场进行全面安全检查后，针对10个检查项的检查结果，制定必要的安全改进措施，进一步指导安全整改工作。

二、MES 法

2002年，我国安全专家宋大成提出了MES法，该方法将风险程度定义为风险产生的可能性大小与其后果的严重程度的乘积，即：

$$R = L \cdot S \tag{3-1}$$

其中：L——事故发生的可能性，由人体暴露于危险环境的时间 E 和控制措施状态 M

决定；

S——事故的可能后果。

该方法考察参数少，结构简单，逻辑关系明确，但是评价结果对评价人的经验要求很高，只有具有丰富现场经验的工程师才能对两个参数给出较为准确的评价分数，因此，在实际应用中结果的可靠度往往达不到期望的高度。

三、指数评价法

该方法以系统中的危险物为评价对象，与MES法类似，其评价指标也为事故频率和事故后果两方面，但该方法是一种定量的安全评价方法，操作简单快捷，但精确度不高，各种危险性因素的附加系数过于复杂，难以做出可靠的估计。该方法在面对多重危险源交叉的较复杂的施工现场时，往往难以建立有效的评价系统，随着施工现场越来越复杂，大量危险源交叉共存，指数评价法的使用范围已经不如以前广泛了。

四、事故树分析评价法

1.事故树分析法的基础理论

事故树分析法(Fault Tree Analysis)简称FTA法，也称故障树，由美国贝尔实验室的Watson等人提出并加以完善。FTA法应用的基础是人类从结果推断原因的思维方法，该方法只针对某一特定事故进行原因反推，而不论这一事故是否真正发生过，通过系统的科学方法找出造成事故产生的最基本的原因，即基本事件，并对引发事故的所有基本事件进行分析，可用于解决复杂系统的安全度问题。故障树分析是把所关心的结果事件作为顶事件，用规定逻辑符号表示，找出导致这一结果事件所有发生的直接因素和原因，这些直接因素和原因是处于过渡状态的中间事件，并由此深入分析，直至找出事故基本原因，即基本事件为止。

事故树的因果关系清晰、明确，对导致事故发生的各种因素及其逻辑关系描述简洁、全面、生动，易于安全管理者掌握管理重点，辨识关键要素。其基本事件概率重要度的概念反映了基本事件发生概率的变化对事故发生概率的影响，从而为各基本事件间的重要程度建立了量化评价的方法，基本事件概率重要度大的事件就是事故发生的主要原因，也是安全管理的重点。事故树分析法既可以定性分析，也可以定量评价，为系统的安全评价提供了具体的数学模型，赋予了系统安全程度具体的量的概念。

事故树分析法的问题在于，该方法只能针对特定的某一个事故进行分析，无法对一个安全系统或者对整个施工现场进行安全评价；它要求分析人员必须非常熟悉对象系统的情况，不同的分析者编制的事故树与得出的分析结论一般也不相同，对人的经验依赖较大；在定量分析过程中必须事先得到各基本事件的发生概率，实际应用中比较困难。

事故树由三部分组成：结点集合、逻辑门集合、弧集。结点集合包括顶节点(顶事件)、中间结点(中间事件)和叶结点(基本事件)；顶节点和中间结点以矩形表示，叶结点以圆形表

第三章 建筑施工安全事故分析及安全评价方法

示。逻辑门集合有六种,如表 3-4 所示。不过,对于任何一棵事故树,都可以通过一定的方法,将其转化为仅含"与"门或"或"门的形式。弧集包括所有连接结点和逻辑门的弧,由结点指向逻辑门的弧,表示结点为逻辑门的输入;而由逻辑门指向结点的弧,表示结点为逻辑门的输出。对于一棵事故树,如果其仅含顶结点、中间结点和叶结点三类结点,并且仅含"与"门和"或"门两种逻辑门,树中没有回路,则该故障树为规范事故树。

(1) 事故树的常用符号

表 3-4 事故树分析常用表示符号

种类	符号	名称	意义
事件符号	矩形	顶上事件或中间事件	表示由许多其他事件相互作用而引起的事件,这些事件都可以进一步往下分析,处在事故树的顶端或中间
	圆形	基本事件	事故树中最基本的原因事件,不能继续往下分析,处在事故树的底端。它必须是具体的,而不是抽象的
	菱形	省略事件或二次事件	其一表示省略事件,即无必要详细分析或原因不明确的事件;其二表示二次事件,即不是本系统的基本事件,而是来自系统外的原因事件
	五边形	正常事件	正常情况下应该发生的事件,位于事故树的底部
逻辑门符号	与门图形	与门	表示下面的输入事件都发生,上面输出事件才能发生
	或门图形	或门	表示下面输入事件只要有一个发生,就会引起上面输出事件发生
	条件与门图形	条件与门	输入事件都发生还必须满足条件 A,输出事件才能发生
	限制门图形	限制门	表示 B 事件发生且满足条件 A 时, A 事件才发生
特殊符号	三角形	转入符号	表示在别处的分树,由该处转出(在三角形内标出从何处转入)
	三角形	转出符号	表示在这部分树由该处转移至他处,由该处转出(在三角形内标出向何处转移)

(2) 事故树分析的数学基础。为了对事故树进行详细的分析,在编制事故树后,还要利用布尔代数列出它的数学表达式在事故树分析中常用逻辑运算符号($\cdot$)(+)将各个事件连

接起来,这样的连接式称为布尔代数表达式。布尔代数运算法则如下(A,B代表两个集合):

1) 交换律:$A \cdot B = B \cdot A; A+B = B+A$

2) 结合律:$A+(B+C) = (A+B)+C; A \cdot (B \cdot C) = (A \cdot B) \cdot C$

3) 分配律:$A.(B+C) = A.B + A \cdot C; A+(B \cdot C) = (A+B) \cdot (A+C)$

4) 吸收律:$A.(A+B) = A; A.(A \cdot B) = A$

5) 互补律:$A+A' = 1; A \cdot A' = 0$

6) 幂等律:$A \cdot A = A; A+A = A$

7) 德摩根定律:$(A \cdot B)' = A'+B'; (A+B)' = A' \cdot B'$

8) 对合律:$((A)')' = A$

9) 重叠律:$A+A'B = A+B = B+B'A$

10) 存在元素 0 和 1:$A+0 = 0+A = A; A \cdot 1 = 1 \cdot A = A$

(3) 概率论的辅助知识。在事故树分析中我们还需要用到概率论的一些基本知识进行辅助分析。下面给出 n 个独立事件的概率和与概率积的计算公式。式中 P 为独立事件的概率。n 个独立事件的概率和,其计算公式是:

$$P(A+B+C+,+N) = 1-[1-P(A)][1-P(B)][1-P(C)]\cdots[1-P(N)] \quad (3-2)$$

n 个独立事件的概率积,其计算公式是:

$$P(ABC\cdots N) = P(A)P(B)P(C)\cdots P(N) \quad (3-3)$$

2.事故树的定性分析

定性分析是事故树分析的核心内容,通过定性分析,可以明确事故的发生规律,进一步找出预防事故的可行方案,对各个基本事件的重要性程度进行计算,得出预防对策的轻重缓急,以便抓住主要矛盾,准确的选择并实施事故预防措施。

(1) 事故树的简化。在事故树编制完成后,需要运用布尔代数运算法则对事故树进行简化,消除多余事件,最终得出等效的事故树。下面举例说明事故树简化方法。假设有以下事故树,如图 3-2 所示。

用布尔代数简化法:
$$\begin{aligned}
T &= A_1 + A_2 \\
&= (x_1 A_3 x_2) + (x_4 A_4) \\
&= x_1(x_1+x_3)x_2 + x_4(A_5+x_6) \\
&= x_1 x_1 x_2 + x_1 x_2 x_3 + x_4(x_4 x_5 + x_6) \\
&= x_1 x_2 + x_1 x_2 x_3 + x_4 x_5 + x_4 x_6 \\
&= x_1 x_2 + x_3 x_5 + x_4 x_6
\end{aligned}$$

那么,由上述推导可知,得出与该事故树等效的事故树,如图 3-3 所示。

(2) 求事故树的最小割集

1) 最小割集的概念。割集是事故树底事件集合中满足下述条件的子集。当该子集所含的全部底事件均发生时,顶上事件必然发生。凡是能导致顶上事件发生的基本事件的集合

第三章 建筑施工安全事故分析及安全评价方法

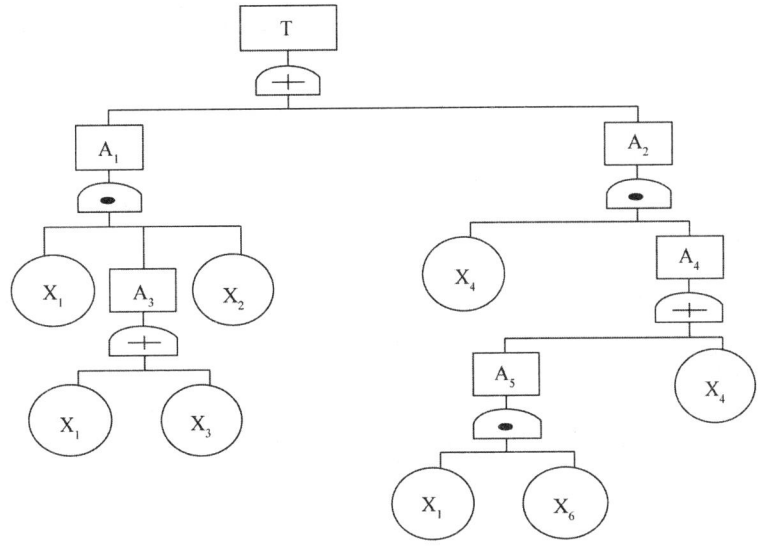

图 3-2 事故树示意图

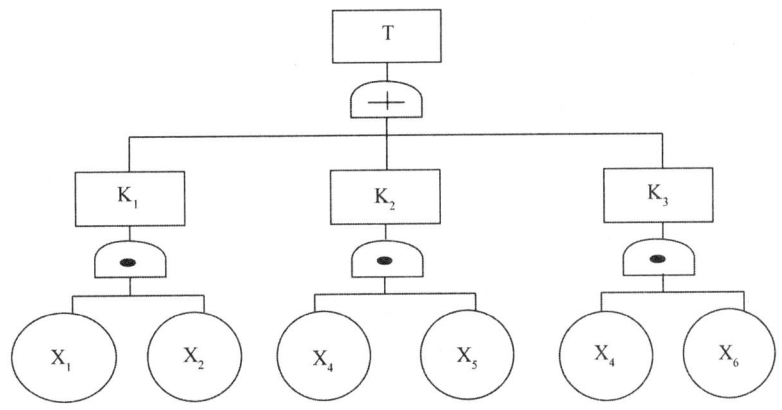

图 3-3 事故树化简等效图

就称作割集。最小割集是指能够引起顶上事件发生的最少的基本事件的集合。对事故树表达式进行结构函数式展开后,用布尔代数运算法则进行再处理,最后才可以得到最小割集。

2)最小割集的求法。先列出事故树的布尔代数表达式,即从事故树的第一层输入事件开始,"或门"的输入事件用逻辑加表示,"与门"的输入事件用逻辑积表示,再逐级替换每一层,直到事故树全体基本事件都代替完为止。最终得到若干个交集的并集,每个交集就是一个割集。

如图 3-3 中事故树存在三个最小割集:$K_1 = \{x_1, x_2\}$,$K_2 = \{x_4, x_5\}$,$K_3 = \{x_4, x_6\}$。

(3)求事故树的最小径集

1)最小径集的概念。与割集的概念相反,在事故树中,有一组基本事件如果不发生,顶上事件就不会发生,这一组基本事件的集合叫径集。在事故树中凡是不能导致顶上事件发生的最低限度的基本事件的集合,称作最小径集。事故树有一个最小径集,顶上事件不发生的可能性就有一种。

2)最小径集的求法。最小径集的求法是将事故树转化为对偶的成功树,求成功树的最小割集就是本事故树的最小径集。利用径集和割集的对偶性,做出与原事故树对偶的成功树,即把事故树中的"与门"换成"或门","或门"换成"与门",各类事件的"发生"情况换成"不发生"情况,然后同样利用布尔代数方法求出最小割集,即为原事故树的最小径集。下面介绍最小径集求法:

①做出与原事故树对偶的成功树。如图3-3所示的事故树,其逻辑符号经过变换后,成为图3-4所示的成功树。

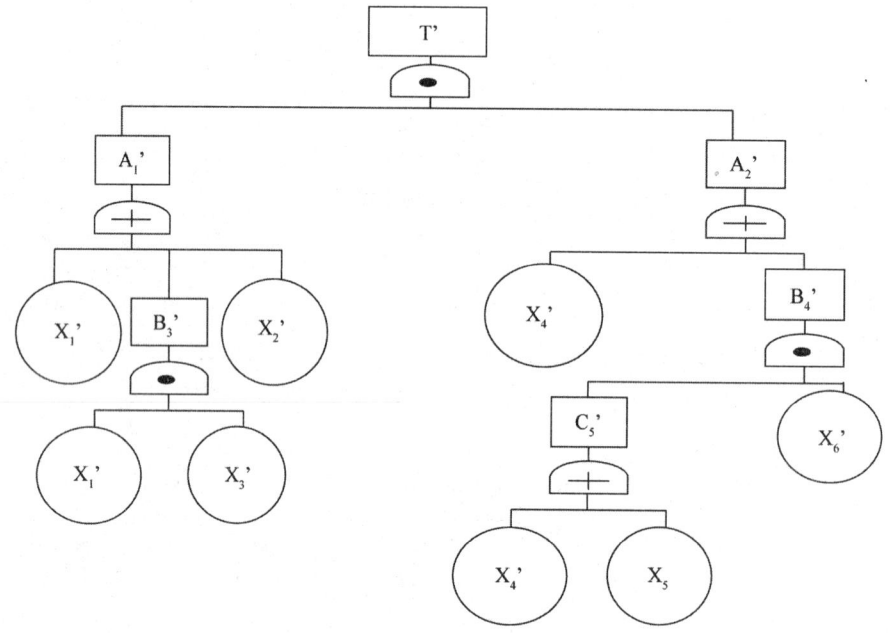

图3-4 与图3-3所示事故树对偶的成功树

②求出成功树的最小割集。事故树变换为成功树后,仍按前述方法求出其最小割集。如图3-5表示。

$$T' = A_1' A_2'$$
$$= (x_1' + B_3' + x_2')(x_4' + B_4')$$
$$= (x_1' + x_1' x_3' + x_2')(x_4' + C_5' x_6')$$
$$= (x_1' + x_2')[x_4' + (x_4' + x_5') x_6']$$
$$= (x_1' + x_2')(x_4' + x_5' x_6')$$
$$= x_1' x_4' + x_1' x_5' x_6' + x_2' x_4' + x_2' x_5' x_6'$$

即成功树的最小割集为:

$$K_1 = \{x_1', x_4'\}; K_2 = \{x_1', x_5', x_6'\}; K_3 = \{x_2', x_4'\}; K_4 = \{x_2', x_5', x_6'\}$$

经对偶变换得事故树的四个最小径集,即:

第三章 建筑施工安全事故分析及安全评价方法

$$T=(x_1'+x_4')(x_1'+x_5'+x_6')(x_2'+x_4')(x_2'+x_5'+x_6')$$

$P_1=\{x_1',x_4'\}$；$P_1=\{x_1',x_5',x_6'\}$；$P_3=\{x_2',x_4'\}$；$P_1=\{x_2',x_5',x_6'\}$

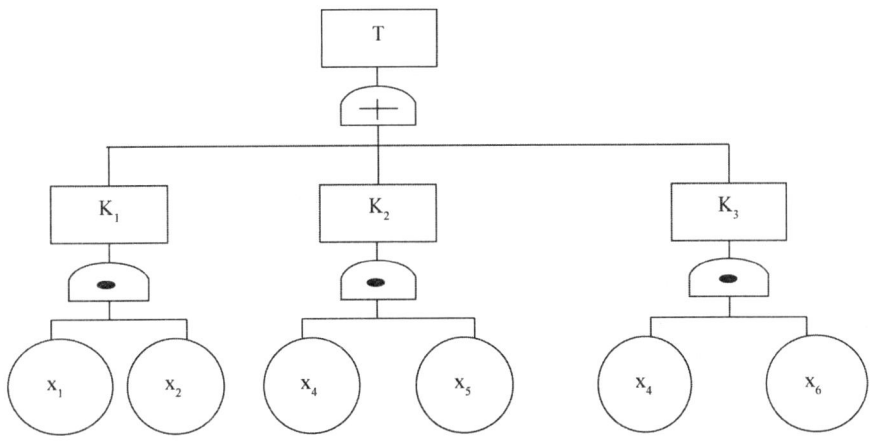

图 3-5 用最小径集等效表示的图 3-4 的事故树

那么，就单个系统而言，若事故树中与门多，或门少，则最小割集数目较少，分析时只宜从最小割集进行分析。因为在这种情况下求最小割集的计算量要比最小径集的计算量少；与此相反，若事故树中或门比较多，与门少，则最小径集的数目少，宜从最小径集入手进行分析。

(4) 结构重要度分析

1) 基本概念。基本事件重要度分析是从事故树结构上分析各基本事件的重要程度。即在假定各基本事件发生概率都相等的情况下，分析各基本事件的发生对顶上事件产生的影响程度。结构重要度分析可采用两种方法：一种是计算出各个基本事件的结构重要度系数，按系数由大到小排列各基本事件的重要顺序；第二种是利用最小割集或最小径集近似判断各基本事件的结构重要度系数的大小，并依次排序。前者较精确，但运算复杂；后者较简单，但精确度不够。

2) 计算方法。在进行事故树的结构重要度计算时，一般采用最小割集和最小径集方法即可。利用最小割集或最小径集排列结构重要度顺序时的原则如下。

①低阶最小割集中的基本事件结构重要度大于高阶最小割集中的基本事件结构重度。例如：有三个最小割集组成 $\{x_1\}$；$\{x_2,x_3\}$；$\{x_4,x_5,x_6\}\{x_1\}$；(它们分别是 1, 2, 3 阶)，其中 $I_{\Phi(1)}>I_{\Phi(2)}>I_{\Phi(4)}$。

②在阶数相同的最小割集中，出现次数相同的所有基本事件结构重要度相等。例如：$\{x_1,x_2\}\{x_3,x_4,x_5\}\{x_6,x_7\}$ 中 $I_{\Phi(1)}=I_{\Phi(2)}=I_{\Phi(6)}=I_{\Phi(7)}>I_{\Phi(3)}=I_{\Phi(4)}=I_{\Phi(5)}$；

③出现在阶数相同的最小割集中的 2 个基本事件的比较：在不同最小割集中出现次数多的基本事件，其结构重要度大于出现次数少的。如：$\{x_1,x_3\}\{x_2,x_3\}\{x_1,x_4\}\{x_2,x_5\}\{x_1,x_5\}$ 中的 x_1 在不同的一阶割集中共出现 3 次，和仅出现 2 次，则中 $I_{\Phi(1)}>I_{\Phi(2)}$。

④几个最小割集间不含共同元素,低阶中的基本事件结构重要度大于高阶最小割集中基本事件。例如:$\{x_1\}$;$\{x_2\}$;$\{x_3,x_4,x_5\}$;$\{x_6,x_7\}$中,$I_{\Phi(1)} > I_{\Phi(2)} > I_{\Phi(6)} = I_{\Phi(7)} > I_{\Phi(3)} > I_{\Phi(4)} > I_{\Phi(5)}$;

按下面两个公式计算结构重要度系数,根据计算结构确定出结构重要度的次序:

$$I_{\Phi}(i) = \sum_{X_i \in K_j} \frac{1}{2^n + 1} \tag{3-4}$$

$$I_{\Phi}(i) = 1 - \prod_{X_i \in K_j}\left(1 - \frac{1}{2^n - 1}\right) \tag{3-5}$$

式中:$I_{\Phi(1)}$——基本事件 x_i 重要度近似判断值;

K_j——包含 x_i 的割集(径集);

n——x_i 所在最小割集(径集)中基本事件的总数。

3. 事故树的定量分析

在进行定量分析时,应确定基本事件的概率重要度和临界重要度,这两者与结构重要度属于事故树的重要度分析的三种基本手段。

目前,许多发达国家都建立有安全事故数据库,而且北美和西欧某些国家已联合建库,用计算机存储和检索,为系统安全和可靠性分析提供了良好的条件。

但是,由于事故树定量分析需要对基本事件进行发生概率调查,需要的事故样本非常大,我国目前尚没有建立一套完整安全事故数据库,故基本事件概率信息则无从谈起。由于本项研究的精力有限,在无法获得基本事故概率的情况下,只对施工现场的危险源进行事故树的定性分析。

4. 事故树分析法的实例应用

(1) 事故树分析法的基本步骤。事故树分析法的分析对象的性质不同、分析目的不同,分析的程序也不相同。但是,一般都具备以下几项基本程序。

1) 熟悉作业流程。全面了解施工作业的整体情况包括工程概况、施工安全基本情况、工作程序、作业情况等。必要时还需画出施工工艺流程图和施工现场简易布置图。

2) 调查事故发生原因。在已发生事故的实例和有关事故的统计数据基础上,尽量广泛地调查所能预想的事故。其中包括分析同工况工程已发生的事故,或未来可能发生的事故。

3) 确定顶上事件。确定对象事件,即导致施工安全事故发生的事件。对所调查的事故,要分析其严重程度,然后从中找出后果严重且发生概率大的事件作为顶上事件。

4) 确定顶上事件的控制目标。根据以往的事故记录和同类施工安全事故的资料,进行分析。在数据可靠的情况下求出事故发生的概率,然后根据事故的严重程度,来逐层确定我们所要控制的事故发生概率的目标值。

5) 调查原因事件。调查可能产生事故的主要原因事件,从"4MIE"五大因素进行调查做到尽量详细。

6)绘制事故树。根据上述资料,从顶上事件开始,按照演绎法逐级找出所有的直接原因事件,直到找出最基本的原因为止。按照逻辑门连接输入输出关系(即上下层事件),最后画出事故树。这是事故树分析的核心部分之一。

7)定性分析。根据事故树结构进行化简,求出最小割集和最小径集,确定基本事件的结构重要度。根据定性分析的结论,按轻重缓急分别采取相应对策来解决安全问题。

8)计算顶上事件发生概率。首先根据所调查的情况和资料,确定所有原因事件的发生概率,并标在事故树上。根据基本数据,求出顶上事件发生概率。

9)分析比较。把计算求出的概率值与通过统计分析得出的概率值进行比较,如果二者不符,则必须重新研究,看原因事件是否齐全,事故树逻辑关系是否清楚,基本原因事件的数值是否设定的过高或过低等。

10)定量分析。定量分析是系统安全分析的最高阶段,是对系统安全进行精确的评价。通过定量分析可以计算出事故发生的概率,并从数量上说明每个基本事件对顶上事件的影响程度,从而制定出最经济、合理的控制安全的方案,实现系统最佳安全的目的。

11)制定安全对策。建立事故树的目的是查找安全隐患,找出薄弱环节,查出系统的缺陷,然后加以改进。在对事故树进行全面分析之后,必须制定安全措施,防止灾害发生。安全措施应充分考虑资金、技术、可靠性等条件之后选择最经济、最合理、最切合实际的对策。

(2)对建筑工程高空坠落安全事故的事故树分析

1)选取从脚手架坠落事故为分析对象。脚手架的倒塌是一类可以引起重大人员伤亡的事故,它可以导致施工作业人员发生高空坠落。"高空坠落"是建筑施工中常见的伤亡事故,几乎占死亡事故的一半,可见它对施工人员的人身安全和工作现场安全状况都可造成不可估量的伤害。2018年7月1日,西安市某高层住宅楼工程在进行第五层混凝土作业施工时,由于作业员工的安全意识不强,把未进行安装的模板放到了建筑外围的脚手架上,由于脚手架承受外力过大而导致了局部脚手架倒塌事故,导致三人被砸伤,影响工作效率。

2)确定顶上事件。根据前述章节的危险源分析内容,当施工作业人员处于脚手架高空作业时,在本事故树中,以"作业人员从脚手架上坠落死亡"为顶上事件,由高空坠落事故可知,只有达到一定层高,即高度、地面状况不利,中间无安全网铺设才可能导致工人从脚手架坠落伤亡事故发生。这里采用限制门符号才能进一步向下分析。

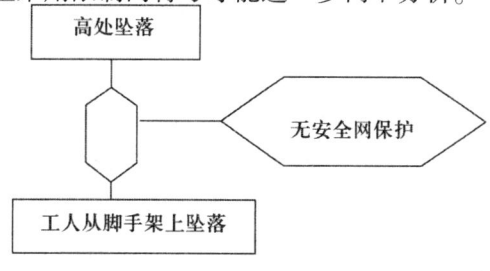

图3-6 顶上事件图

3）二分析脚手架坠落的原因和特点。正确画出事故树，就必须对顶上事件的发生过程进行深入了解，充分掌握与事故有关的各种影响因素。笔者查阅了高空坠落及脚手架安全方面的资料，结合在施工单位从事了安全工作的实践经验，并对工地现场的项目安全工程师进行了咨询，对施工现场的脚手架坠落过程有了初步了解。其中与脚手架高空坠落事故有关的影响因素，如图3-7所示。

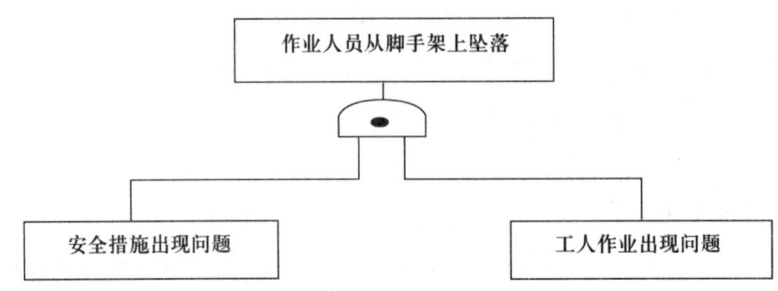

图3-7　脚手架坠落事故树

图3-7说明脚手架高处坠落事故受人的因素和物的因素产生的影响。主要有"安全措施出现问题"和"作业人员自身问题"两项因素，只有满足两者同时发生，就可能导致"作业人员从脚手架坠落事故"的发生，所以这两项是与门关系。造成"人员自身原因坠落造成"的直接原因有"身体失去平衡"和"在高处作业时滑倒"两项因素，这两种因素任意一个发生都可能造成"人员坠落"，所以它们是或门关系。"安全带没起作用"的直接原因有"机械性破坏"和"没有使用安全带"两项因素，这两个因素任何一个发生就可以导致出现"安全带失灵"的结果，所以这两项也是或门关系。分别对两个方面进行分析。

①安全措施出现问题。制定适合施工作业的安全保护措施并切实进行贯彻，是在施工阶段必须采取的安全工作。对于脚手架高处坠落事故的发生，其中"安全措施出现问题"是影响的一大因素，由于在施工作业过程中，"三宝"使用不当；人货升降梯超载导致周围脚手架松动；在施工作业前脚手架未进行相关验收工作；杆架的搭设不符合承载力要求和拆除脚手架时违章操作都可能导致安全措施出现问题。

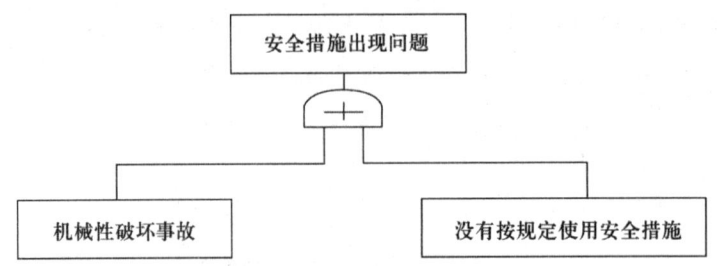

图3-8　安全措施问题事故树

造成"机械性破坏"的原因有"支撑杆件损坏"和"安全带断裂"两项因素，而这两项因素任何一个发生都可能导致"机械性破坏"，所以它们是或门关系。

机械性破坏事故是导致脚手架高处坠落事故的安全措施出现问题的首要因素。脚手架

第三章 建筑施工安全事故分析及安全评价方法

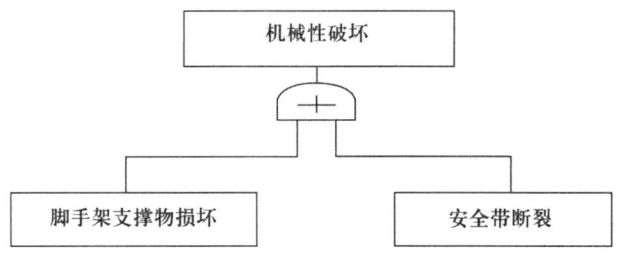

图 3-9 机械性破坏事故树

支撑物的损坏可能由于在扣减和钢管在材料进场的时候,施工单位没有对其质量给予足够的重视,认为脚手架相关的材料对施工的安全不能都成安全隐患,所以放松了检验工作,导致有些经过反复使用的钢管和扣减由于常年拆卸,经雨水腐蚀出现不同程度的损伤,在具体应用过程中就可能出现支撑力下降,严重的就可能导致脚手架机械性破坏,出现倒塌现象。

在作业人员进行高处作业时,按照相关规定必须佩带有效的安全带。由于某些施工单位或劳务公司为了节省安全成本,对安全措施的投入不够,对于常年使用的安全带一般不做检查,不做更新,导致部分安全带由于使用年限过久,外表老化出现裂痕,在悬空作业时,拉力过大而导致断裂现象的出现,并最终引发作业人员高处坠落事故。没有按规定使用安全措施的原因有"忘记佩戴安全带"和"因移动取下安全带"两项因素,这两项因素任何一个发生都可能导致"安全带未起作用"的情况发生,所以它们也是或门关系。

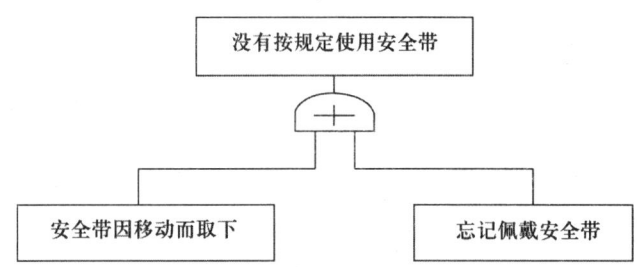

图 3-10 安全带事故树

在安全措施做到位的情况下,没有按正常的规章制度来进行安全措施的使用也可能导致脚手架高处坠落事故的发生。主要包括以下两个方面:一是安全带因移动而取下。在高处作业过程中,由于安全带自身的问题和人的主观感觉会出现安全带因移动而被卸下,这时作业人员就处在无安全保护措施的状态,可能会导致脚手架作业人员高处坠落事故的发生。二是在建筑工程施工过程中,由于作业人员常年无休的工作现状,疲劳作业导致其在高处作业时忘记使用安全措施,使制定的安全规章制度彻底失去了原有的作用。

②工人作业出现问题。作业人员自身出现的问题是导致脚手架高处坠落事故的主观因素。只有在施工作业人员出现在脚手架上作业时身体重心失去平衡才可能导致坠落事故的发生。其中包含两个方面因素。

一是作业人员在脚手架上跌倒。由于在追赶施工进度的时候,会进行高层大规模的作业施工,出现大量作业人员同时处于一个作业平面上进行施工,所以容易出现人员拥挤的隐患,造成作业人员在脚手架上跌倒的现象。

二是作业人员由于身体原因失去平衡。从第二章的事故致因理论可知,某些作业人员天生具有产生安全事故的隐患,例如,在高处作业时由于自身心理素质原因和遗传性疾病的影响,很容易发生高处坠落事故。

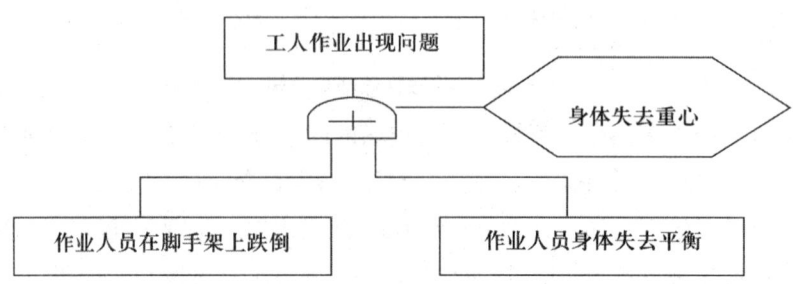

图 3-11　工人作业问题事故树

虽然上述事件发生的有些原因还可以继续分析下去,但考虑到事故的规模和分析深度已达分析要求,不需再进行分析,因此事故树分析到此为止。所以,从顶上事件开始,向下逐层作图,得到高处坠落的事故树分析图,如图 3-12 所示。

5.事故总结

根据图 3-12 分析结果可以得出,在正常施工脚手架高处作业时,为了防止坠落事故的发生,应当采取有效的措施和手段,分别为其中的 x_1、x_2、x_3、x_4、x_5、x_6、x_7。这七个基本事件安全可靠,具体排序措施如下。

(1)首要措施。保证脚手架作业环境有利于工人高处作业,在开始作业前,一定要检查安全网的设置情况。脚手架作业环境包括脚手架相关材料的进场验收、脚手架搭接设置和脚手架满足供应要求等。做好安全网的定期检验工作,查看是否有局部破损情况和漏布安全网情况;确保作业人员经过培训进行脚手架作业。作业人员从思想上进行重视,在高处作业时注意力保持高度的集中,身体才能很好地控制平衡状态。

(2)次要措施。在每天的施工作业安全交底过程中,作业班组长一定要对作业人员强调在进行高处作业时,必须佩戴安全带,在当天开始施工前,先要检查安全带的质量情况,发现有断裂前兆的安全带应立刻停止使用,进行修补或直接报废。与此同时,施工单位应加大对施工安全保护措施的投入力度,使作业工人在安全工作上得到可靠的保证。

综上所述,安全网的支撑、作业工人身体重心在脚手架上、佩戴安全带等都是防止高空坠落事故发生的有效措施,实际现场状况也证明了,采取这些措施后,高空坠落的伤亡事故发生率将会大大降低。切实加强安全管理工作,配备足够的安全员对高空作业人员的安全生产进行定期监督。对安全防护措施、安全技术交底、班前安全活动要全面、有针对性,既符合施工要求,也符合安全技术规范的要求,并在高空作业中切实落实到班组。进一步加强高处坠落事故的专项治理,高处作业可以说是建筑施工中出现频率最高的危险性作业,事故率

第三章 建筑施工安全事故分析及安全评价方法

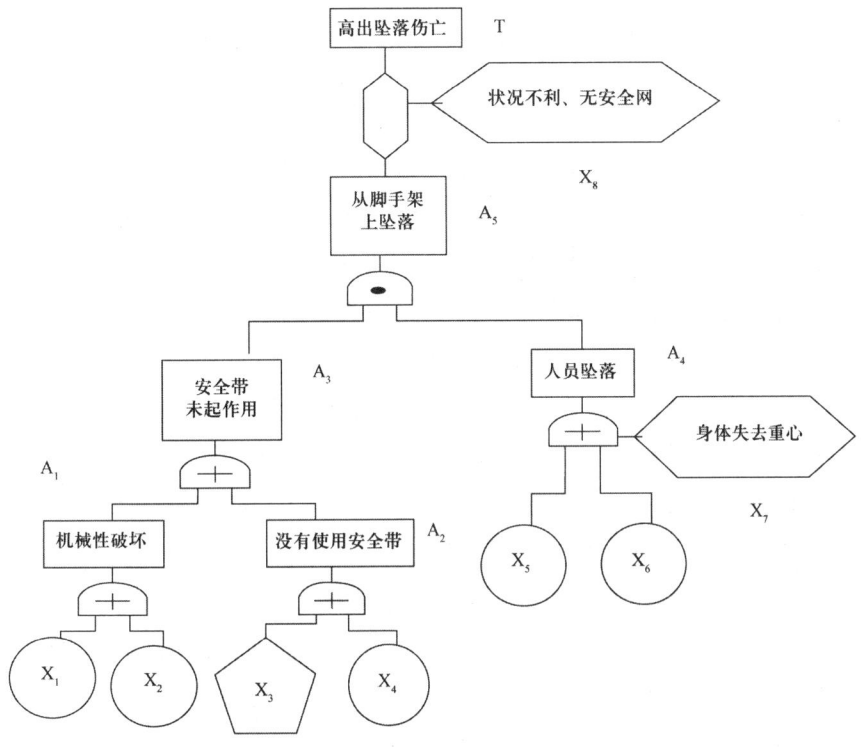

图 3-12 高处坠落伤亡事故树

x_1——支撑物损坏;x_2——安全带断裂;x_3——因移动而取下;
x_4——忘记佩戴安全带;x_5——在脚手架上滑倒;x_6——身体失去平衡

极高,无论是临边、屋面、外架等都会出现高处坠落事故。在施工过程中必须针对不同的工艺特点,制定切实有效的防范措施,开展高处作业的专项治理工作,控制高处坠落事故的发生。

五、层次分析法

层次分析法(Analytic hierarchy process)简称 AHP 法,由美国国家工程院院士 T.L.Saaty 教授于 20 世纪 70 年代初提出的一种定量与定性相结合的多目标决策分析方法。该方法的核心是建立数学模型将经验丰富的决策者的经验判断标准予以量化,从而为他人的决策提供明确量化的决策依据。AI-IP 法为设计的指标体系考察里面每个指标的权重大小,通过指标间的两两比较对体系内所有指标评判轻重,然后根据结果综合计算各指标的权重系数,这也是 AHP 法将决策者经验量化的关键步骤。

AHP 法虽然应用广泛,但是建筑施工项目现场的危险源众多,关系极为复杂,层次分析法应用于施工项目现场安全管理时,其评价指标较多,权重计算过程烦琐,不便于现场的安全管理。现在国内对于层次分析法如何应用于施工项目现场安全管理的研究较多,但依然很难将层次分析法真正推广到工程实践中来。

六、作业条件危险性评价法(LEC)

针对施工现场的潜在的危险情况,利用一种估算方法所对应的3个指标来进行初步评价的方法。它研究的是人们在具有潜在危险环境中的作业的危险性,此评价方法提出了所评价的环境与某些作为参考环境的对比为基础的作业条件法。

1.作业条件危险性评价法概述

作业条件危险性评价法,又称为 LEC 法,是由美国的 K·J·格雷厄姆和 G·E 金尼提出的。它是一种评价具有潜在危险性环境中作业时的危险性半定量评价方法可用于与系统风险有关的3种因素指标值的乘积来评价系统人员伤亡风险大小的。

以所评价的分部分项工程所处环境和可能存在的影响因素作为参考基础,将某项施工作业的危险性作为因变量(D),安全事故或危险事件发生的可能性预估值(L),发生事故后情节严重程度预估值(C),作业人员暴露于危险环境的频率(E)作为自变量,通过评价作业人员的施工经验和施工现场作业的具体特点来确定它们之间的函数关系。根据实际经验,已有专家已给出了3个自变量在各种不同情况下的预估分数值对照标准,那么,采取对所评价的对象在施工现场的具体情况进行"打分"的方法,就可以估算其所对应的危险性分数值,再将危险性分数值划分到危险程度等级表上,查出其危险程度的预估值,最后利用作业条件计算公式来计算出目标事故的危险等级,对现场作业有一定的前瞻作用。

2.作业条件评价法的数学表达式

$$D = LEC$$

其中,D 值越大,施工作业的危险性越大。其中各参数的危险性等级划分如表3-5、3-6、3-7、3-8所示。

表3-5 L-危险事件发生可能性分值表

L 值	10	6	3	1	0.5	0.2	0.1
事故发生的可能性	完全可以被预料到	相当可能	可能但不经常	完全意外很少可能	可以设想很少可能	及不可能	实际上不可能

表3-6 E-人员暴露于危险环境的频繁程度

E 值	10	6	3	2	1	0.5
暴露于危险环境频繁度	连续暴露	每天工作时间暴露	每周2~3次暴露	每月暴露1次	每年几次暴露	非常罕见的暴露

第三章 建筑施工安全事故分析及安全评价方法

表 3-7 C-事故产生的后果评分标准

C 值	100	40	15	7	3	1
事故造成后果的严重度	10人以上死亡	数人死亡	1人死亡	严重伤残人数多	有重伤残	有伤残

表 3-8 D-危险性大小等级划分标准

危险性分值（D）	D≥320	320>D≥160	160>D≥70	69>D≥20	D<20
危险等级	V	IV	III	II	I
危险程度	极度危险	高度危险	显著危险	比较危险	稍有危险

七、作业条件法的应用

1.应用背景

在建筑工程施工阶段，与脚手架有关的工作危险性极高，脚手架安全事故时有发生，在进行脚手架工程作业时工人大部分都处在高空攀登和悬空作业中，危险因素多，如果施工企业对作业过程中的安全问题产生麻痹思想，安全防护技术上不采取有效措施对高空作业进行保护，那么与脚手架有关的事故发生的概率就非常大，从而造成人员伤亡、财产损失，对施工工期也会产生不利影响。因此，脚手架作业人员应充分了解脚手架施工作业中的各种危险和有害因素，采取切实有效的措施，防止事故的发生。

根据施工现场高处作业安全事故资料分析和现场的调查，笔者认为施工现场导致脚手架危险的因素包括坍塌、高处坠落、物体打击、机械伤害、车辆伤害、火灾、触电、雷击、人员拥挤踩踏等 8 类危险事故，这些危险因素所存在的部位如表 3-9 所示。施工作业人员可以通过了解脚手架工程施工作业过程中可能出现的危险事故及其存在部位，从而在今后的脚手架高空作业过程中，树立正确的安全观念，提高警惕。

表 3-9 危险因素及其存在部位一览表

序号	危险、有害因素	存在部位（主要设备）
1	坍塌	脚手架间
2	高处坠落	脚手架间
3	物体打击	脚手架、脚手架下施工区域
4	机械伤害	电锯
5	车辆伤害	脚手架下部施工区域

续表

序号	危险、有密因素	存在部位(主要设备)
6	火灾	脚手架上配电箱、配电线、木料堆放处
7	触电	脚手架上的配电线、电气设备
8	人员拥挤踩踏	脚手架通道

2.评价过程

在对危险部位进行全面分析之后,根据笔者参考相关专业文献和现场对施工作业专家的咨询情况,对作业人员在工作中可能会发生的脚手架安全事故的危险性进行初步评价。下面对脚手架作业存在的8种危险源进行作业条件评价分析。

(1)坍塌事故。由于施工方案不合理,脚手架搭设拆除存在问题就可能导致坍塌事故的发生。本项危险源属于施工现场重大危险源,只有在存在非常严重的脚手架事故时才有可能发生,但是,由于脚手架工程贯穿于施工的全过程中,所以,坍塌事故是有可能发生但并不会经常出现,故对L指标的对应估值为3。在坍塌事故发生时,作业人员一定是处于连续作业过程中的,所以,对E指标的对应估值应为6。对一般性坍塌事故的发生,由于作业区域较小,大部分事故还属于局部坍塌,产生的后果不会十分严重,但有可能造成多人受伤的现象出现,情节严重的会导致死亡事故,所以,对C指标的对应估值为15。综合3个指标的评分值,利用公式计算得出坍塌事故危险等级评价结果为高度危险。

(2)高处坠落。在高处作业过程中,由于作业员工在进行高空作业过程中没有佩戴有效地防护用具或疲劳作业产生的坠落伤亡事故。因为高处坠落事故只有在作业人员在进行高空作业过程时未佩戴"三宝"或是遭遇雨雪天气等可能造成施工场所湿滑情况时才可能出现,其中由于人员注意力不集中,保护措施不到位而导致本事故的发生,所以,对L指标的对应估值为3。在高处坠落事故发生时,作业人员肯定是处于高空作业状态,即在正常施工作业时间内才有可能发生本事故,所以,对E指标的估值为6。一般施工现场的安全状况基本都处于达标状态,所以高处作业局部围栏措施基本到位,在出现高空坠落事故时,由于围栏的保护,并不会产生严重的多人死亡现象,但导致伤残事故是可能出现的,所以,对C值指标估值为7。综合3个指标的评分值,利用公式计算得出高处坠落事故的危险等级评价结果为显著危险。

(3)物体打击事故。在施工过程中,由于施工材料和施工用具摆放的不符合安全要求,引起物品坠落砸伤施工作业人员的现象。

物体打击是由于施工现场的条件复杂,脚手架、钢筋等材料繁多,施工人员经常会出现碰撞现象,而施工人员在进入工地现场时,要求必须佩戴安全帽,所以一般物体打击的严重程度较轻,除非出现塔吊吊装物品坠落导致下部人员被砸伤致死,一般的物体触碰打击是经常出现的,所以,对L指标的估值为6。在物体打击事故出现时,施工作业人员正处于施工第一线,由于施工现场的场地因素限制，导致某些施工现场在正常工作完成之后依然可能出现打击事故，所以对 E 指标的估值为 8。一般性物体打击事故所产生的结果不至于十分重要，不会出现死亡事故，所以 C 指标的估值为 1。综合 3 个指标的评分值，利用公式计算得出物体打击事故的危险等级评价结果为比较危险。

（4）机械伤害事故。施工过程中所使用的机械在操作时如果不按规定就可能产生危险。机械伤害是施工机械对作业人员所造成的打击伤害，通常由作业人员的违规操作所引起，但一般情况下作业人员都要经过上岗培训，在取得相应的资质后才能进行操作，所以，本项事故有可能产生但不会经常出现。故对 L 指标的估值为 3。机械伤害事故发生，一般都在机械开车运转过程中，此时操作人员和辅助作业工人在工作时间里都暴露于施工现场，所以，对 E 指标的估值为 6。如果是大型施工机械（如塔吊、打桩机等）都会有专门的工作人员负责操作看管，而一些小型的施工机械（如钢筋切割机、电锯、打夯机等）由于操作人员对其安全操作不重视，很可能造成施工中机械伤害的发生，致使人员受伤，所以，对 C 指标的估值为 8。综合 3 个指标的评分值，利用公式计算得出机械伤害事故的危险等级评价结果为显著危险。

（5）车辆伤害事故。在施工现场经常会有车辆通行，车辆进入施工区内若发生机械故障或人员失误驾驶就可能导致车辆撞击脚手架或其他施工机械，发生安全事故。车辆伤害是由施工现场的运输车辆造成的，其中主要包括有混凝土泵车、商品混凝土运输车和其他材料运输车。一般的运输过程运输车辆并不直接接触施工建筑物，与主体施工都会保持有一定的距离。车辆伤害的发生可能极小，所以，对 L 指标的对照估值为 0.5。由于混凝土浇筑工作并不是每天进行，高层住宅楼项目基本上每周进行 1 次浇筑作业，施工材料有外接运送至施工现场，平均每两周 1 次，所以，对 E 指标的估值为 3。由于场内车辆与施工作业人员保持有一定的距离，另外在施工区域内行驶的车辆一般都会做限速行驶，很少会出现激烈的碰撞，所以，在施工现场由车辆伤害造成的严重伤亡事故很少发生，所以，对 C 指标的估值为 8。综合 3 个指标的评分值，利用公式计算得出车辆伤害事故的危险等级评价结果为稍有危险。

（6）火灾伤害事故。施工现场需要用到大量木材等可燃物，违章施工明火就可能引起火灾事故。施工现场的木材和其他可燃物一般都会有严格的进场制度和制定动火措施，很少会出现不可挽救的失火事故，所以，对 L 指标的估值为 0.5。施工现场的引火源很多，最常见的是由作业人员吸烟导致的明火危险源。由于工地并没有限制工人吸烟，所以，对 E 指标的估值为 6。由于施工现场安全管理过程，严格对火灾事故进行预先控制是安全生产的主要工作，在项目部组织的安全生产模拟演习工作中也把火灾处理工作作为首要的演习训练。可见，大规模的火灾事故很少会出现在施工现场，故 C 指标的估值为 9。综合 3 个指标的评分值，利用公式计算得出火灾事故危险等级评价结果为稍有危险。

（7）触电伤亡事故。电是施工作业正常进行的基本保证，由于作业人员的不规范用电就可能产生施工触电伤亡事故。由于施工机械的运转,现场照明和钢筋焊接工作均需要大量用电,所以在施工用电过程中,由于电线老化、违规使用电气设备和绝缘措施不到位等原因导致的触电事故时有发生。所以,对 L 指标的估值为6。触电事故都发生在施工作业过程中,作业人员在工作期间一直暴露在危险环境中,所以,对 E 指标的估值为6。由于施工作业人员在进行带电作业时,基本上都会进行安全教育培训,事前对触电伤害事故都有明确的认识,所以,较大规模的触电事故一般不易发生,故对 C 指标的估值为9。综合3个指标的评分值,利用公式计算得出触电事故危险等级评价结果为稍有危险。

(8)人员拥挤踩踏事故。在以上危险事故发生之后,由于现场作业人员的情绪波动,产生紧急避险行为,引发人群大规模踩踏,造成伤亡事故。由于施工现场的作业人员并不集中,分散在作业层的各处,在每天上班之前,都要接受安全交底工作,在出现紧急事故后,应由施工班组长组织疏散,尽可能做到有序撤离施工现场,这是认为可以控制的。所以,对 L 指标的估值为0.5。只有当作业人员处于施工现场,才可能出现事故疏散时的踩踏事件,所以,对 E 指标的组织为9。虽然踩踏事故不会经常发生,只有在各种影响条件都集中出现的情况下才可能出现情节严重的踩踏事故。

此时,由于施工场地狭小,通道口一般较窄,紧急疏散时不可能多人通过,而有些通道口是出于悬空状态,所以在拥挤情况下很容易出现伤亡事故,情节严重的可能出现多人死亡事故。所以,对 C 指标的估值为20。综合3个指标的评分值,利用公式计算得出人员拥挤踩踏事故的危险等级评价结果为显著危险。最终得出了主要危险源在施工作业中的危险性等级评价结果,如表3-10所示。

表3-10 危险等级评价结果

危险种类	发生条件	L	E	C	$CD=LEC$	危险性等级
坍塌	工程施工方案不合理,检查脚手架结果计算、脚手架构造、脚手架搭设、拆除方案不满足规范要求	3	6	15	270	高度危险
高处坠落	没有按要求使用"三宝",高处作业时安全防护设施损坏;使用的安全保护装置不完善,作业人员疏忽,疲劳作业,高处作业安全管理不到位	3	6	7	126	显著危险
物体打击	使用的工具、其他物品摆放不符合安全要求,或安全防护措施不符合,引起物品坠落、倒下,工作人员没戴安全帽,引发砸伤、撞伤等危险	6	8	1	48	比较危险
机械伤害	施工中需使用电器,探作时如果违反操作规程或注意力不集中,容易受伤	3	6	8	144	显著危险
车辆撞击	车辆进入施工区内时若发生机械故障、人员失误驾驶、车辆制动失灵也可能撞击脚手架,出现事故	0.5	3	8	12	稍有危险

第三章　建筑施工安全事故分析及安全评价方法

续表

危险种类	发生条件	L	E	C	$CD=LEC$	危险性等级
火灾	施工现场需用到大量的木材等可燃物,违章使用明火将会引起火灾事故的发生	0.5	3	9	27	比较危险
触电	在用电线路或正常不带电的金属部件出现异常情况下,具有可能对人体造成电击和电伤	6	6	9	324	极度危险
人员拥挤踩踏	在活动过程中,由上述事件,都可能使人群产生惊吓或紧急躲避,引发人群踩踏,发生重大伤亡	0.5	9	20	90	显著危险

3.事故预防对策

本节主要从脚手架作业时可能发生的各种安全事故出发,按照作业条件法的评分标准,对脚手架安全事故的安全等级进行初步评价。在进行脚手架的搭设、使用与拆除等各项施工作业时,施工单位可参照上表了解各种事故的危险等级,编制相对应的专项施工安全技术方案,结合工程实际情况,有针对性地对脚手架工程可能出现的事故进行防范。针对各项事故的评价评分,按照危险程度来制定预防措施。加强脚手架构配件材质的检查。施工企业必须从进货的关口把好产品质量关,保证进入施工现场的产品必须是安全有效的合格产品,同时在使用过程中,还要按规定进行检验,达不到安全防护要求的用具、配件不再继续使用。在对与脚手架工程相关的危险源利用作业条件法进行评价后的具体预防措施如下。

(1)坍塌。经过评价可知,坍塌事故的危险等级是高度危险"应该定期对脚手架的搭接状况和材料进行检验"。在发生坍塌事故之后,立刻采取有效措施控制现场,保护局部坍塌现状,避免坍塌事故进一步扩大化。

(2)高处坠落。经过评价可知,高处坠落事故的危险等级是显著危险。应该给施工作人员配备齐全的安全保护措施,岗前进行安全教育培训,使作业人员认清集中注意力对高处作业的重要性。高空作业安全防护围栏应设置完整。

(3)物体打击。经过评价可知,物体打击事故的危险等级是比较危险。应定期进行施工现场材料堆放的检查工作对废料和落手件应在当天施工完毕后进行定位处理。规定作业人员进入施工现场必须佩戴安全帽,如若发现未佩戴安全帽者严格执行惩罚措施。

(4)机械伤害。经过评价可知,机械伤害事故的危险等级是显著危险。首先应该在施工机械进场前检验其性能,确保正常工作的需要;操作工人一定要进行岗前技术培训经过考核才能进行实际操作;大型施工机械一定要有专人进行看护。

(5)车辆撞击。经过评价可知,车辆撞击事故的危险等级是稍有危险。在车辆进入施工现场之前,场内施工人员应粗略规划其工作顺序和行走路径,为施工车辆进场提前做好现场铺垫工作。例如,在进行混凝土浇筑时应提前支好混凝土泵车,为车辆进入提供充足而的空间,最好能设置建筑物外围安全带,以1米为界限,使车辆严禁靠近。

(6)火灾。经过评价可知,火灾事故的危险等级是比较危险。严格制定工地动火制度,对工人进行火灾严重性教育,使其认清在工地现场作业时吸烟很有可能引起火灾事故,从思想源头遏制由吸烟引发的火灾隐患。由安全工程师定期组织施工现场所有人员参与防火模拟演习,使每位参与施工的工人掌握灭火器的使用和常用火灾应急排险措施。

(7)触电。一经过评价可知,触电事故的危险等级是极度危险。应定期检查施工用电的电线质量情况和绝缘措施的有效性。作业工人在进行带电作业时,应该戴绝缘手套和穿着绝缘鞋。定期开展施工用电安全知识讲座,对工人进行安全教育工作,并进行考核。

(8)人员拥挤踩踏。经过评价可知,人员拥挤踩踏事故的危险等级是显著危险。在每天作业过程中,应尽量做好人员搭配穿插工作,在安全生产培训时,普及安全秩序相关规定,尽量把施工通道口布置的大一些,每次最好可以同时通过两个人。

八、BP 神经网络在安全评价中的应用

人工神经网络的发展来源于人类对于自身大脑和神经系统的研究,科学家试图用计算机模拟人的大脑的思考过程,并为之付出了长久的努力。BP 神经网络,即 Back-Propagation Neural Network,是指基于反向传播算法的人工神经网络系统,作为一种智能化的数学模型,该系统可以像人类一样不断学习、积累经验。BP 神经网络作为一种新兴的计算正在被广泛应用于人类生产生活的各个领域,如信息处理、自动控制、医学、经济学等。

在建筑业,特别是建筑施工安全管理领域,人工神经网络技术已开始应用并发挥出一定的作用。对于施工现场信息模糊、有缺失、相关评价项彼此冲突等复杂状况,一般的安全评价方法往往很难正常使用,但是人工神经网络技术能够很好地解决此类问题。人工神经网络学习训练的过程本质上是调节其网络连接权值的过程,人工神经网络所积累的经验、学习的知识,本质上是其网络权值的大小。它可以有效处理不完整信息和错误信息,不会对网络整体的运行产生重大影响,处理过程快速稳定。从安全评价方面来说,神经网络可以获取人的思维中蕴含的经验、知识和对各评价项目重要性的主观判断,并将获取的这些信息运用于其他安全评价过程中去,即使在输入信息出错、不完整的情况下也能获得准确可靠的评价结果。

第四章
建筑施工安全评价指标体系建立

第一节 安全评价理论

1.安全评价的主要内容

安全评价是对系统危险情况的客观评价,它通过对系统中存在的危险源和控制措施的评价来客观地描述系统的危险程度,目的是指导人们采取预先的防范措施来降低系统的危险性。安全评价的内容如表 4-1 所示。

表 4-1 安全评价的内容

安全评价	确认危险源	查找危险源:是否有新的危险源出现,危险源有哪些变化
		危险性定量:确认发生概率、发生后果等
	评价危险性	危险源的控制能力:降低危险性的措施是否可行,能否落实;消除危险性的可能性,有没有采取的措施等
		允许(危险)界限:社会危险性的允许界限、企业对危险性的允许界限、部门对危险性的允许界限、专业组队危险性的允许界限

2.安全评价的作用

(1)使项目建设者充分了解事故发生的机理。通过安全评价可以使项目建设者掌握所建项目的安全状况,从宏观上把握安全事故的发生,并有利于从源头进行安全控制。

(2)使施工人员充分认识各种危险源的发生状况和演变规律。作业员工处于生产第一线,其工作的质量直接关系到安全评价的结果,通过安全评价也可以使施工人员更清楚的认识所从事工程的安全状况,随时对自己的工作做出调整。

(3)安全评价的最终评价结果可作为项目建设决策者的决策依据。决策者虽然不直接参与施工作业,但是通过安全评价的结果,可以制定相应的安全预防措施,所以,评价结果直接影响决策者的判断方向。

(4)为后续安全生产工作提供有效的预防措施。通过安全评价,施工作业的安全工作就更有针对性,按照评价结果制定相应的改进措施,目的明确,可以做到有的放矢。

3.安全评价阶段分类

安全评价按评价工作的阶段流程分为安全预评价,安全现状评价和安全验收评价。根据项目所处阶段不同,评价的侧重点各有不同,本书建立的安全评价体系和评价对象是针对施工项目所进行的现状评价。其中三个评价阶段的具体工作内容见表4-2所示。

表4-2 安全评价的分类

安全评价	安全预评价	在建设项目初步设计或施工组织实施之前,根据相关的基础资料,辨识与分析潜在的危险源,确定与安全法规是否相符。预测事故发生的可能性和严重度,提出安全管理对策。最终形成安全预评价报告。施工单位拟将其作为施工过程的参考,建设单位拟将其作为安全管理的参考
	安全现状评价	安全现状评价是针对施工生产活动、安全管理状况进行安全评价,辨识与分析其存在的危险源,确定其与安全生产法律法规、技术标准的符合性,综合施工过程中的各影响因素,对施工提出科学、合理、可行的安全风险管理对策和措施建议
	安全验收评价	为安全验收进行技术准备,最终形成的安全验收评价报告将作为建设项目"三同时"安全验收审查的依据。安全验收评价是在建设项目竣工、试生产运行正常或区域建设完成后,确定是否与安全生产法律法规、技术标准相符合,提出科学、合理、可行的安全风险管理对策措施建议

4.安全评价的程序

在进行安全评价时要遵循一定的工作程序,具体包括:施工前期的准备工作、危险源的识别工作、评价对象的确定和定性定量分析工作,最终给出安全对策措施并进行安全总结工作,编制安全评价报告的具体流程如图4-1所示。

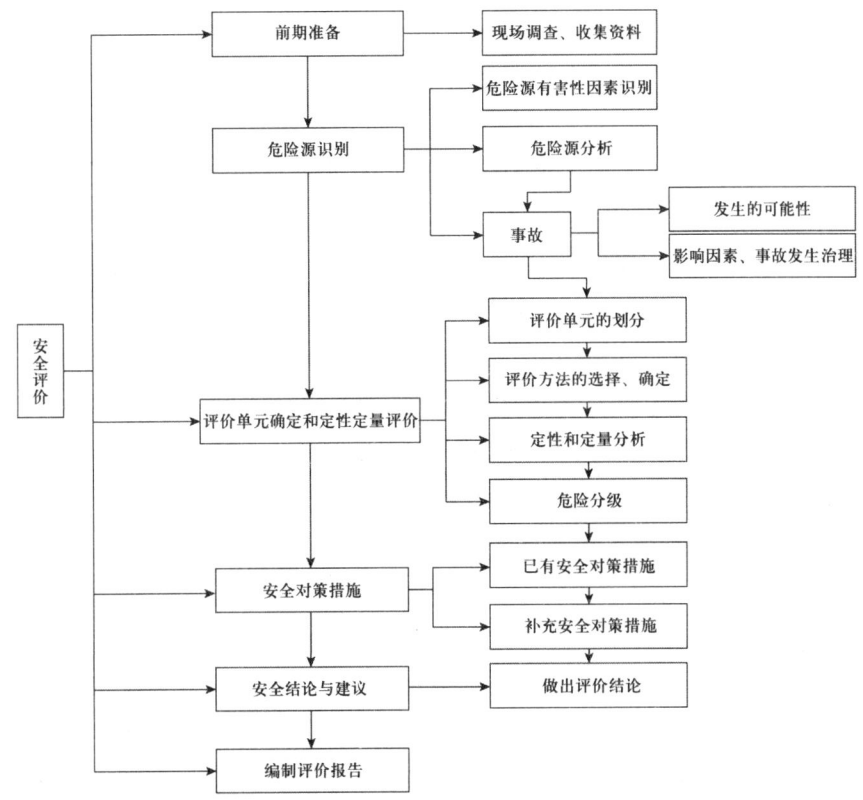

图 4-1 安全评价程序示意图

第二节 建筑施工安全评价指标体系的确定

建设部于 2003 年底颁布的《施工企业安全生产评价标准》(JGJ/T77—2003)提出在一个具有多指标影响的系统中,建立一个适合的,并且能够全面反映各影响因素的指标体系是评价的前提条件。首先需要对评价对象有一个系统的认识,然后再做出全面分析,接着利用主因素分析方法对所找出的因素进行筛选,选定主要影响因素,建立一个能够真正反映评价对象优劣水平的指标体系。最终,在此基础上,采用定性与定量相结合的方式来对各评价指标所得的分数进行评价,得出重要程度结果。

一、建筑施工安全评价指标体系的建立原则

该指标体系的作用之一是全面描述施工现场安全状况,反过来,再使用安全评价的结果并结合该指标体系来对安全管理进行指导。建筑施工安全评价指标体系是一个系统工程,

需要用系统的观点去建立整个指标体系,要将施工现场作为一个系统来进行研究,不仅考虑每一个评价指标的客观性,还要考虑每一个评价指标之间的关系,还要考虑每一个评价指标在整个指标体系中所发挥的作用。通过系统的思维来建立一个比较好的,能够全面真实反映安全现状的评价指标体系。安全指标体系建立的好坏,会影响到评价结果,以及针对评价结果所制定的安全管理措施。

(1)评价指标体系的科学性一般指的是两个方面,第一,每一个评价指标都要准确,这就需要在施工现场或者是生产过程中其真实存在;第二,对于建立起来的整个体系而言,要能够全面的,真实的反映施工安全的本质,是对其一次全面的刻画,一个系统或者体系设立得是否科学,直接影响其应用结果。该指标体系中的所有评价指标是从过去大量的安全事故中提炼出来的,均为施工现场的客观存在,满足科学性的要求。施工安全评价指标体系的设计应当充分体现建筑工程安全生产的内涵,从科学的角度系统而准确地把握安全评价的实质。对建筑工程施工各阶段、各环节的安全工作的内容进行高度的抽象和概括,揭示其性质、特点、关系和运动过程的内在规律。

(2)评价指标体系的全面性也就是系统性,是指建立的整个体系中要涉及所研究内容的所有方面,具体到本书,也是指标体系尽量能够涵盖与安全有关的方方面面,进行全面性的描述。本书所建立的评价指标体系中输入指标基本涵盖了施工现场所有造成伤害的原因,输出指标能够描述90%以上的安全伤害事故。指标体系要包括建筑工程施工安全所涉及的众多因素,使其成为一个系统。另外,指标体系应具有递阶层次结构,层次之间要相互适应并具有一致性,要具有与其相适应的导向作用,即每项上层指标都要有相应的下层指标与其相对应。因此,本书建立的指标体系涵盖的面比较广,基本能够全面、系统地描述其任何一个时刻的安全状态。

(3)逻辑性指的是不仅系统和环境之间,整个体系内各部分之间要有着逻辑关系。本书指标体系中的输入指标完全建立在了输出指标的基础之上,是采用了逆向思维的方式,先构建指标体系的输出指标,然后按照输出指标的"果"来寻找"因",即构建输入指标体系。因此,本书所构建的体系具有明显的因果关系。

(4)实践性指的是能够在实践中应用,并且能够指导安全管理工作。任何一件事物如果只是理论上存在,而毫无实践性的话,就不具有任何的意义。建筑施工安全评价指标体系实践性在于它除了确定现场的安全状态之外,还会进一步根据结果反过来指导安全管理工作的重点。

(5)针对性原则。在通常情况下,不同的系统其危险性评价指标体系不同,尽管他们具有相似性,且某些子指标体系可能完全相同,但很多具体细节仍然存在差别。因此,在建立评价指标体系时,必须针对具体问题做出具体分析。

(6)可操作性原则是进行应用的重要前提。建筑工程施工安全评价指标体系应尽可能量化,各项指标及其相应的计算方法要力求规范化,有明确阐义,计算所需的数据也应比较容易获得,每项指标应该是可观、可测及具有可比性的。

(7)简明性原则指标设置越全面,反映的客观现实越准确,但同时也带来了指标重叠,数据收集、处理的麻烦,因此,在相对完备的情况下,指标体系应简单明了,尽量选择那些有代表性的综合指标和主要指标。

二、编制施工项目安全技术措施

施工项目的安全技术措施计划是进行工程项目安全管理的指导性文件。其内容包括:安全概况、安全控制目标、安全组织机构、安全管理要点、安全规章制度、安全措施和奖励制度等;有分包工程的项目还要制定出分包工程的安全措施。

对专业性强、施工难度大的项目要求制订分部分项工程的安全措施计划,对大型施工机械的装卸要制定专项安全技术措施,特殊工种作业要制定特种作业安全施工规定。

1.工程项目安全技术措施的编制

(1)项目部人员、机构设置。在安全控制体系中,为了确保安全管理目标的实现,应该建立安全生产责任制。施工现场项目组织机构如图4-2所示,以项目经理为核心,配合安全员和专业工种负责人组成安全管理体系。从职责安排来看,项目经理、施工员、安全员、施工班组长、作业工人都应按不同岗位职责分别建立安全生产责任制。

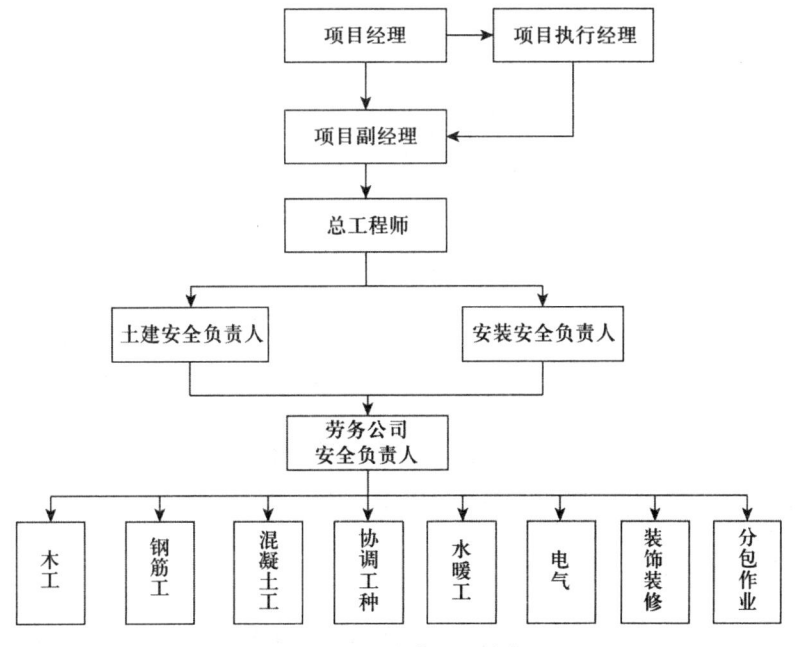

图4-2 项目安全组织结构图

(2)安全职责划分。项目经理,作为施工安全工作第一责任人,对整个项目的安全生产工作负责,有权随时随地进行检查、纠正和处理违章作业人员,并做出批评教育和经济处罚。另外,由项目经理组织安全生产例会,提出要求以及传达上级主管部门有关安全文件。定期组织有关安全人员参照《建筑施工安全检查标准》对本工程进行安全检查。项目总工程师,总工要熟悉并认真贯彻执行国家制定的安全管理方针和安全技术标准、规范。项目总工要对施工生产中的一切安全技术工作全面负责,项目总工在组织、编制、审查施工组织设计及施工方案时,切实贯彻"安全第一、预防为主"的方针,经常深入施工第一线,检查施工技术措施落实情况,及时解决施工中的安全技术问题。项目总工应参加重大伤亡事故的调查,从技术上分析原因,提出技术鉴定意见和改进措施。专职安全员,负责对作业员工进行安全思想教育,对新进场的工人进行安全规章制度、操作规程教育。专职安全员要深入施工现场进行巡查,对冒险作业和违章作业者进行制止和教育。遇到重大险情或事故隐患,有权责令叫停生产。施工作业班班长,认真落实安全技术交底的要求,督促各班组做好搬迁安全教育工作。严格制止工人违章作业,接受安全员的监督检查,发现安全隐患应及时报告专职安全员。

(3)安全教育培训。除了施工项目部管理人员外,80%的施工人员都是农民工,所以安全教育培训工作就成为安全管理的重点,一般项目部都对工作人员进行"三级"安全教育即公司教育、项目教育和施工班组教育,其中施工安全主要负责人还应参加安全监督站组织的安全教育培训。安全教育的内容包括有安全知识、安全技能、设备技能及劳动保护安全案例分析。

2.施工安全技术措施计划的实施

(1)安全制度的建立。安全生产责任制应包括项目经理安全负责制、安全员安全负责制、施工班组长安全负责制、作业员工安全负责制等。还应包括安全教育培训制度,安全检查制度,事故报告制度和应急救援预案等。

(2)安全技术的交底。做好安全技术交底是建筑施工安全工作的基础安全技术交底应分级进行并在正式作业前进行,应进行书面交底并签字。安全技术交底的内容应包括:本工程特点及施工危险点;具体操作安全注意事项及操作规程;发生事故后应及时采取的应急处理措施等。

(3)安全事故的处理。建筑工程施工过程中易发生人身伤亡事故,因此,要全面考虑安全事故的处理措施。在伤亡事故发生后,项目经理应迅速组织人员进行伤员抢救,保护事故现场,重大事故发生后,应在24小时内写出书面报告并逐级上报。

三、安全体系的建立流程

建设工程安全管理体系的建立首先是要明确安全管理目标,在明确了目标以后就是编制项目安全技术措施计划,项目安全技术措施计划的实施及安全检查。每次安全检查发现新的问题就会持续改进直至项目安全目标的完成,基本的安全管理运行体系见图4-3。

第四章 建筑施工安全评价指标体系建立

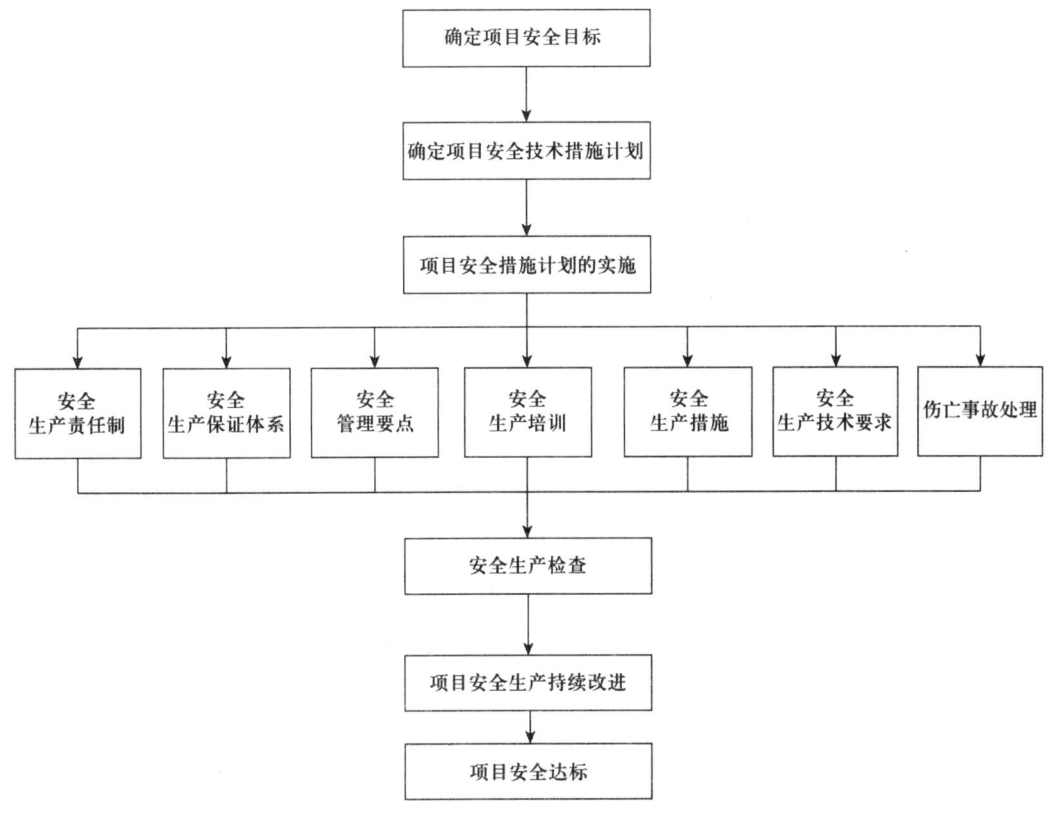

图 4-3 安全管理体系运行程序图

第三节 建筑施工安全评价指标体系的构建

本书所建立的指标体系是基于建筑安全事故统计分析和理论分析,坚持了指标体系建立的原则。在建立该体系的时候,参照了住建部所制定的安全评价标准和评价的准则。

一、施工安全评价的输出指标

通过对 2010 年和 2011 年发生的 1225 起施工事故的统计分析,四大伤害类型几乎能够囊括所有安全事故,占到了总事故数量的 95% 左右。四种伤害类型的发生率高,涵盖了绝大多数的施工安全事故,因此对施工现场的安全状态描述性比较强。既然这四大伤害类型对施工安全描述的如此科学和全面,就把它作为整个体系的输出指标,把四大伤害类型作为输出指标的另外一个很大的优点就是在使用其进行评价并得出结果后,能够明显地发现现场可能会出现的安全事故,这样就能够更有效地采取一定措施避免其发生。

在对四大伤害类型进行分析的时候,用到了前面阐述的一些安全理论:海因里希事故因果连锁论。防微杜渐,避免因为一些小的安全管理工作的疏忽导致安全事故发生,一旦发生事故,造成的最终后果是事故的发生和安全事故所带来的相应的损失。

1.高处坠落

高处坠落是所有事故类型中发生次数最多的,几乎占到了施工现场所有安全事故的一半左右。该类型伤害发生的概率大,后果严重,能够引发该事故的因素众多,但大多数都是可以改善的,如不进行安全检查、没有对施工人员进行安全培训、未建立安全生产责任制度等,物的不安全因素主要包括在洞口临边没有设置安全网或者安置警示标语、脚手架不满铺等原因。

2.施工坍塌

施工坍塌是安全指标体系中输出指标之一。导致施工坍塌的原因很多,除了安全管理的原因之外,许多技术原因也是造成坍塌的导火索,如脚手架的施工方案没有通过技术验收、塔吊和脚手架的安拆不是由经过专业培训的施工队伍完成、基坑没有按照设计要求设置边坡或支撑或者基坑没有设置有效排水等,都是有可能造成施工现场坍塌的原因。

3.物体打击

物体打击的原因比较广泛,施工现场中的一些物体都有可能造成物体打击的伤害,包括人、机械、材料等,都有可能以从高空坠落或者以其他方式对现场施工人员造成打击。进行有效的安全管理是控制物体打击事故的方法,应该经常性地对施工现场进行全面的安全检查,加强对施工人员进行可能造成物体打击这一伤害类型的安全教育,做到现场每一名施工人员必须佩戴安全帽等措施。

4.起重和机具伤害

将起重和机具伤害合并在了一起,是因为这两种伤害类型具有相似性,都是由于对机具设备的不安全操作所造成的。减少这两种伤害类型的主要措施还是加强安全管理,尤其是加强操作人员的安全培训,培养现场操作起重和机具设备施工人员的安全意识。加强安全管理是控制起重和机具伤害类型的行之有效的方法。

二、建筑施工安全事故致因分析

要对一个安全系统的危险源实施有效的控制,首先必须掌握大量的有关系统危险状况的信息,运用系统危险分析方法,对系统中潜在危险源的构成要素,触发条件和特征等情况进行综合考虑,从而得到一个全面的认识。事故诱因可分为人的不安全行为,物的不安全状态,工作环境的不安全状态,管理因素等。前三种为直接原因,后一种为间接原因。

1.人的不安全行为

人的失误有两种类型,随机失误和系统失误。

(1)随机失误是由人的行为的随机性质而引起的,与人的心理、生理原因有关,它往往是不可预测的,也是不可重复出现的。

(2)系统失误是由人的不正常状态引发的,与工作条件有关,类似的条件可能引发失误再次出现或重复发生。其中生理因素、心理因素和个体能力因素,都能使人的心里紧张度改变,导致失误数量变化。所以经常进行教育、训练、合理的安排工作,消除紧张心理因素,有效地控制心理紧张的外部因素,对消除人为失误是很重要的。

2.物的不安全状态

建筑工程领域的物主要指施工过程中所涉及的设备、材料、半成品、燃料、施工机械、设施、能源等。物的不安全状态有其深刻的原因背景,例如设计的先天不足,设备选择、环境配置不当,维修、养护、保管、使用不良等,都有可能造成物的不安全状态。

3.环境的不安全状态

与建筑行业紧密相关的环境,就是施工现场的环境。规范整洁、有序的施工现场其事故发生率肯定较之杂乱无章的施工现场低。施工材料、机具乱摆乱放、生产及生活用电私自乱拉,不仅给正常的生活带来不便,而且会引起人的烦躁情绪,增加事故隐患。

4.管理不当

应从管理学的角度对人、物、环境进行最优化配置,以达到防患于未然。大量的事故表明,其直接原因是人的不安全行为和物的不安全状态,其根本原因是安全管理上的缺失。后者虽是间接原因,但却是决定性因素。所以建立以管理为主要因素的事故模型,如图4-4所示,对人和物的不安全因素进行控制。

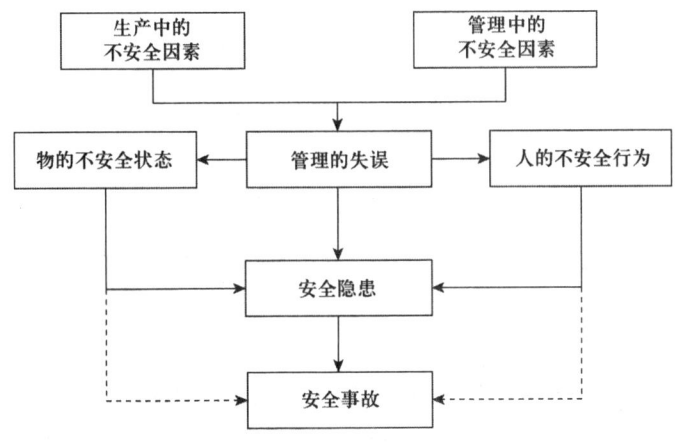

图4-4 管理失误为主因的事故模型

三、危险源的具体辨识过程

结合本书选用的危险源辨识方法,我们认为危险源辨识是一个系统过程,辨识的具体过程主要包括成立辨识小组、资料收集与整理、工程特点分析、初步辨识、专家评议五个步骤。其中每个步骤都是环环相扣,互相联系,互相制约的。具体辨识过程如图4-5所示。

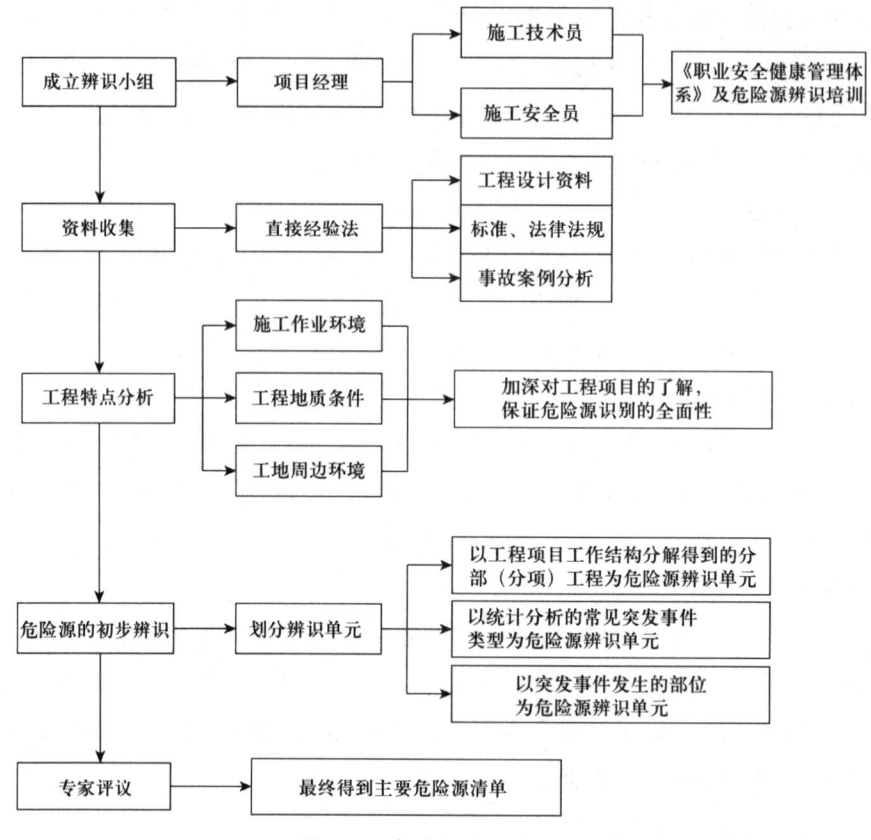

图 4-5 危险源识别过程图

笔者通过对陕西省建筑施工安全监督总站网站及住建部相关单位的网站所提供信息的分析,再结合中天集团第五建设公司安全事故调查小组所编制的事故分析资料以及施工现场工地安全事故调查情况,主要从施工准备阶段、基础施工阶段、结构施工阶段、装饰工程施工阶段和施工全过程控制为研究出发点,分别分析建筑工程施工现场主要存在的重要危险源及其影响结果,具体分析如下。

1.施工准备阶段

无论任何情况下,必须重视建筑工程施工的准备工作的开展。在尚未开始进行施工时,做好施工准备工作,可以对危险源进行有效预控,进而提高后续施工作业时安全生产工作的效率。施工准备工作主要是通过对施工现场的基础环境的预先熟悉和对目标建设项目的施工概况的了解来开展和实施的。对于一个即将开始施工作业的建筑工程而言,其施工准备阶段对危险源的预判断需要做到以下几个方面。

(1)以施工单位为主,配合相关参建单位,对目标项目所处施工区域进行"三通一平"工作,地上、地下的电缆、管线,旧建筑物,设备基础等障碍物排除处理完备。探明施工现场与周围环境的基本情况,在安全距离内的输电线路的基本情况,可能出现漏电的区域要进行绝缘保护措施,以免出现触电伤亡事故。

(2)在进行基础施工以前,对城市管网系统布置图应有初步了解,针对施工所在地的地下管线和地下障碍物不明的情况,需要配合相关部门进行了解,以防在土石方开挖作业过程中造成公用设施的破坏,导致对施工所在地的生产生活情况的不利影响。

(3)在施工准备阶段需要针对施工作业人员进行详细的信息调查,制作安全卡,在情况允许的条件下,悬挂胸牌,提前做好"三级"安全教育工作,使作业工人在进行施工作业前就进入工作状态,从而降低由人的不安全因素所产生的危险源。

2.基础施工阶段

基础施工是进行建筑工程施工的最基本的工作,要满足建设项目的质量,尤其是高层建筑物,地基基础的施工工作是重中之重。通过笔者调查分析,与基础施工相关的危险源主要有以下几个方面。

(1)在利用打桩机进行地基施工过程中,有关机械设备的组装移动工作一定要做好安全措施,对打桩机的选择和质量验收情况要提前做到预控,以防止在打桩过程中造成人员伤害。由打入预制桩产生的锤击噪音也可能对周围环境产生噪声污染,间接形成了影响作业工人注意力的危险源,情节严重的可能威胁到正常施工,发生安全事故。

(2)在灌注桩施工过程中,由于浇筑混凝土前桩孔处没有设置保护栏杆,导致桩孔内有人挖土时,应掩盖好防止杂物掉下砸伤施工人员,无关人员不得靠近桩孔口边,操作时上下人员轮流作业,桩孔上人员密切观察桩孔人员的情况,切实预防安全事故的发生。

(3)在挖土施工过程中,要做好基坑的边坡支护工作,特别是对于含水量比较大的土体,一定要在基坑开挖完成之后,作业人员还未进行基础防水制作和垫层浇筑时做好喷浆支护工作,避免挖土过程中或挖土完成之后基坑边推土荷载超过规定要求或土体产生裂缝,最终造成坍塌事故的发生。但有些施工企业为了节省材料,在进行边坡支护中,以安全为代价,换取剩余利润,并未对四面土体全部喷浆,这样一来,如果遇到大范围降雨,很容易产生边坡滑塌现象。

3.主体结构施工阶段

建筑工程主体结构施工过程是危险源存在最多的阶段,所以也是一个建设项目施工阶段安全现状评价的主要研究对象。在主体结构施工过程中出现的危险源主要是围绕施工工艺的运用和施工阶段三大工序的具体实施情况而产生的。所以,笔者在结合施工现场具体情况和对建筑施工技术初步掌握的条件下,对主体结构施工阶段的危险源进行分析,其中包括以下几个方面。

(1)在进行钢筋工程施工过程中,首先,在钢筋加工厂,作业人员佩戴相应的保护措施,注意力集中;其次,在主体钢筋绑扎过程中,由于悬空作业较多,例如在绑扎悬空梁时,施工人员往往是站在树立模板之上,靠着自身的平衡能力进行作业,这时就会存在许多危险源,高处坠落和物体打击事故最常出现。

(2)在进行模板工程施工过程中,首先要检验现浇混凝土模板支撑系统是否满足要求,在每次浇筑前都要进行验收工作,排除危险隐患;在阶段性施工完毕之后,剩余施工材料严禁堆放在模板支架上,以防坍塌事故的发生;在检验过程中,支拆模板在 2 米以上有无可靠立足点;当模板支撑在脚手架上时,如果没有进行有效的固定措施,很可能出现模板与脚手架因瞬间分离而导致的坍塌事故。

(3)在进行混凝土工程施工过程中,首先要检验混凝土浇筑机械设备的安全情况,提前做好浇筑前的准备工作,避免因准备不足而产生的材料质量和机械伤害的危险源;在进行高处混凝土浇筑工作中,一定要防止施工人员高处坠落危险源的出现。

4. 装饰工程阶段

装饰工程施工过程中的危险源虽然比主体结构施工中出现的危险源相对要少,但是同样值得安全技术人员重视。装饰工程是在主体结构施工基本完成之后进行的,属于二次结构施工。本书针对一般民用住宅楼项目的装饰工程的具体情况,分析其中可能存在的危险源如下。

(1)在进行装修工程作业时,首先应该认真阅读结构施工图纸,明确装修细节节点处的施工方法,严禁由于对图纸不熟悉导致的装饰工程施工工艺错误,在今后的使用过程中出现危险隐患。

(2)在进行涂料施工过程中,注意涂料的防水与防腐的保护措施。在涂料使用前应具备涂料的检验报告,从涂料供应商的选择上进行危险源的控制,由于建筑装饰涂料有些属于易燃易爆危险物品,在储存过程中一定要有专人看管,并做好防护措施,以免火灾或爆炸事故发生。另外,在进行外墙涂抹防水材料时有时会运用吊篮进行悬空作业,这时要注意在施工过程中作业人员是否配备生命绳或生命绳安全状况是否良好,以免出现高处坠落危险隐患。

(3)在进行板材施工或是墙间连接打孔施工中,会使用到射钉枪,在使用射钉枪、电气焊等高危施工机具时,一定要注意施工机具本身的安全保护措施是否完整,另外施工人员在使用过程中还要有身体保护措施,严禁在使用射钉枪时工人分散注意力,产生射伤人体的机具伤害的危险隐患;在使用电气焊施工时,氧气乙炔一定要有防止回火装置,以免出现火灾或爆炸危险隐患。

(4)在进行装修工程的强弱电施工时,必须要给作业人员配备安全防护用具,绝缘手套和绝缘胶鞋,防止产生触电伤亡的危险隐患;在配电间内操作的工作人员都要佩戴相应的防护用具。

5. 施工全过程控制

施工的全过程控制贯穿于施工准备阶段、基础施工阶段、主体结构施工阶段和装修工程施工的全过程,包含的范围广泛,它是对一个建设项目进行危险源分析时进行全方位考虑的要点。除了上述四项已经做出的分析,笔者另外对以下几个危险源进行分析。

脚手架工程贯穿于施工的整个流程。与常规脚手架施工有关的危险源,主要包括由卸料平台支撑系统和脚手架相连不紧而产生的坍塌危险隐患,由 7 米以上脚手架的连接构件少于规定要求产生的坍塌危险隐患,有脚手架上竹笆漏铺产生的施工人员高处坠落危险隐患;与悬挑脚手架施工有关的危险源,包括向外悬挑杆件与建筑物结构连接不牢而可能产生的作业人员高处坠落危险隐患;在挑梁上的作业人员没有佩戴安全保护措施而产生高处坠落危险隐患;与附着式脚手架有关的危险源有框架焊接或螺栓连接不符合要求所产生的高处坠落危险隐患。

为了施工危险源调查的可观行和便捷性,笔者把施工现场主要危险源及其基本情况制作成清单形式,具体如表4-3所示。

表4-3 施工现场主要危险源清单

序号	作业/活动/设施/场所		重要危险源	可能导致的事故
1	施工准备	施工环境	在安全距离内的输电线路未采取安全绝缘措施	触电
2	施工准备	施工环境	地下管线和地下障碍物不明	综合伤害
3	基础施工	桩架组装移动验收	桩架的地基不平或承载力不够	机具伤害
4	基础施工	灌注桩工程	浇筑混凝土前孔口未设防护栏	高处坠落
5	挖土施工	井点降水	冲孔前对地下障碍和空中管线确认	触电
6	挖土施工	挖土	挖土过程中土体产生裂缝	坍塌
7	挖土施工	挖土	基坑边推土荷载超过规定要求	坍塌
8	挖土施工	凿桩工程	桩头露出超过2米未进行割除	物体打击
9	结构施工	钢筋工程	绑扎悬空大梁时站在模板上操作	高处坠落
10	结构施工	模板工程	现浇混凝土模板支撑系统无验收	坍塌
11	结构施工	模板工程	模板物料袋中超载堆放	坍塌
12	结构施工	模板工程	支拆模板在2米以上无可靠立足点	高处坠落
13	结构施工	模板工程	模板支撑在脚手架上	坍塌
14	结构施工	模板工程	材料堆放高度超过码放规定	坍塌
15	安装装饰	油漆防水防腐	易燃易爆物施工无防火措施	火灾或爆炸
16	安装装饰	射钉枪施工	施工射钉枪人体无防护措施	机具伤害
17	安装装饰	电气焊施工	氧气乙炔无防止回火装置	火灾或爆炸
18	安装装饰	吊篮	吊篮无生命绳或生命绳损坏	高处坠落
19	安装装饰	强弱电	配电间内操作人员不带防护用品	触电
20	施工全过程	脚手架	脚手架7米以上拉结少于规定的要求	坍塌
21	施工全过程	脚手架	脚手笆漏铺	高处坠落
22	施工全过程	脚手架	卸料平台支撑系统和脚手架相连	坍塌

续表

序号	作业/活动/设施/场所	重要危险源	可能导致的事故
23	施工全过程	悬挑脚手	外挑杆件与建筑物结构连接不牢	高处坠落
24	施工全过程	悬挑脚手	挑梁作业人员不系安全带	高处坠落
25	施工全过程	附着式脚手架	框架焊接或螺栓连接不符合要求	高处坠落

得到初步的危险源清单后,由项目经理组织专家进行评议。首先,专家根据本施工项目类型、规模、特点和管理水平,对所列危险源提出质疑、讨论和补充;然后,专家对提出的问题进行讨论。最后,由分析小组对专家直接讨论及质疑的结果进行分析,编写评价意见一览表,并对质疑过程中提出的评价意见进行评价,形成切实可行的最终修改意见表。

四、建筑工程施工危险源的分类

建筑工程施工危险,是指建筑施工活动中可能导致的人员伤亡、财产及物质损坏和环境破坏等现象出现的不安全因素。其中施工管理人员和作业人员的不安全意识、行为;施工材料、机械及辅助工具的不安全状态;施工所在地环境、气候、季节以及地质条件等不利影响都属于施工危险源范畴。

1. 按照危险源在事故形成中的作用分类

建筑生产领域危险源是以各种各样的形式存在的,根据危险源对安全事故发生过程中产生的作用,可以把危险源分为两大类。

(1)第一类危险源。建筑工程安全生产中存在的可能导致事故的危险物质被称为第一类危险源。其中包括有机械能、电能、势能等产生的危险,这些能量由于意外失控、会转化为破坏能量从而造成的损害。导致第一类危险源发生的危险物质主要包括:爆炸性物品、有毒性物品、放射性物品等。如表4-4所示为建筑工程中可能导致伤害发生的第一类危险源。

表4-4 建筑工程第一类危险源分类表

事故类型	危险状态的产生	危险源(物)
物体打击	产生物体落下、飞出的设备、场所、操作	落下、抛出的物体
高处坠落	高差较大的场所,人员借以升降的设施	作业人员
坍塌	建筑物、基坑边坡、脚手架	边坡土体、物料
触电身亡	带电装置	带电体
机械伤害	机械驱动装置	机械运动部分

第四章　建筑施工安全评价指标体系建立

续表

事故类型	危险状态的产生	危险源(物)
起重伤害	起重设备、龙门架	被起吊重物
火灾	可燃物	火焰、烟气
爆炸	炸药、危险物品	炸药
中毒窒息	产生、存储有毒有害物质的容器、场所	有毒有害物质

(2)第二类危险源。造成约束、限制能量措施失效或破坏的各种不安全因素被称为第二类危险源。在建筑工程施工作业时，能量或危险物质受到约束和限制不会发生意外释放，即不会发生事故。但是，一旦这些措施受到破坏，安全事故就会发生。

安全事故的发生和发展是以上两类危险源共同作用的结果，其中第一类危险源是事故发生的主体，决定了事故的严重程度；第二类危险源决定了事故发生的可能性大小。第一类危险源是安全事故发生的前提，第二类危险源的出现是第一类危险源导致事件的必要条件。所以，在预防事故的发生过程中，应首先避免第一类危险源的出现，从源头遏制其出现，然后再通过安全保护措施对第二类危险源进行防范。

2. 按照危险源发生的场所分类

根据建筑工程施工危险源存在的场所不同可分为作业区域危险源与临建设施危险源。

(1)作业区域危险源。施工作业区域是安全事故发生的最主要的场所。其中危险源包括以下三个方面。

1)存在于施工作业人员中的危险源。主要包括：违章指挥、违章作业和违反劳动纪律，即"三违"。这些现象主要表现在缺乏现场施工经验的工人当中。这些工人由于对安全教育工作的理解不够，自身缺乏应付基本安全事故的手段和经验，对施工现场情况不熟悉，容易出现危险事故。

2)存在于分部分项工程及施工机械运行过程中的危险源。主要包括：脚手架、模板和支撑构件、施工电梯的安装与运行，基坑局部结构失稳所造成的施工作业人员伤亡等；焊接金属、冲击钻孔、临时用电措施的安全保护不符合要求，造成作业人员触电；高层建筑"四口""五临边"处，因安全防护措施不到位等原因造成伤亡事故等。

3)存在于施工自然环境中的危险源。主要包括：深基坑、隧道等大型管道施工，由于支护、支撑等设施失稳坍塌，造成人员伤亡，严重的还会引起周边建筑失稳坍塌现象。

(2)临建设施危险源。临建设施属于施工附属建筑物，具有临时性和简易型特点。由于搭建时对其安全性的重视不够，也可能存在安全隐患。

1)临时简易工人宿舍的建设是否符合安全要求。

2)临建设施拆除时房顶发生整体坍塌,作业人员可能会踏空造成的伤亡意外。

五、施工安全评价的输入指标

1.安全管理

在安全事故的类别中,施工安全管理和四种伤害类型没有直接的关系,但是在安全施工生产过程中却起着至关重要的作用。目前我国安全事故率相对于欧美等发达国家比较高不是因为我国在施工技术方面的落后,大部分的原因还是由于安全管理的不完善,因此,安全管理的好坏直接影响了施工现场的安全状况。对于安全管理这一项,评价的内容主要是以下五个方面作为评价安全管理工作的尺度,即认真贯彻安全教育,建立健全安全生产责任制、做好安全技术交底、安全检查制度以及安全资金保证制度等。

2."三宝""四口"及临边

"三宝"在避免安全事故的发生方面起到的作用很大,因为它的作用是当事故发生后,能够避免或者是减轻伤害的后果,因此加强三宝的管理和约束,能够减轻事故的后果。"三宝"和"四口"之间本来没有有机联系,把两者放在一起,是因为这两部分引起的伤亡事故类型相互交叉,是高处坠落事故和物体打击事故的交叉。"三宝"能够有效阻止高处坠落和物体打击伤害,如果使用不当,很容易发生事故,在物体打击的事故类型中,由于不戴安全帽而受伤的施工人员占事故总数的90%,安全帽能够有效减少物体打击伤害类型,安全带能够增加人体坠落时的缓冲时间,减少了冲击力,因而能够有效减少高处坠落的伤害。因此,"三宝"的重要性更大一点,在设定分值时,将其分值比重适当提高。在对"四口"的设置中,安全防护是设置的重点,因为防护是避免事故发生的最有效的方法。

3.脚手架

脚手架是为了解决竖向距离过高导致施工人员无法正常施工搭设的各种架体。在脚手架部位发生的事故类型主要有从脚手架的坠落事故和由于架体不稳或者搭设脚手架的材料质量不合格发生的坍塌事故。在脚手架处引发事故的原因有很多,比如脚手板不满铺,脚手架使用劣质材料刚度达不到要求而发生的脚手架的倒塌,缺少脚手架搭拆的施工方案造成的事故等。各种不同形式的脚手架其安全防护的重点也不一样,比如悬挑式脚手架的荷载大小应为评价其安全性的内容,而门式脚手架的安全性则一般不考虑其架体荷载大小。因此在评价脚手架这一项时,应该从宏观角度来抓住各种形式的脚手架安全性评价的指标,主要评价的内容为:施工方案、脚手板、材料的检查、脚手架的验收、安全和防护装置。

4.模板和基坑

模板处和基坑处发生的伤害没有相关性,是两个互相独立的部位,之所以把两者合并在一起,一是因为在这两个部位发生的伤害相对于洞口、脚手架、塔吊较少;二是因为在这两个部位发生的伤害类型比较相似,都最容易发生坍塌事故,因此,把这两个放在一起对于评价的结果没有太大的影响。基坑容易发生坍塌事故是因为没有根据土质情况设置边坡或者是没有做基坑支撑；模板的坍塌第一个重要原因是因为模板支撑材料质量不合格或者是设计强度不够，在支撑处发生了断裂，第二个重要的原因是因为混凝土结构拆模后，混凝土还未达到足够的强度，在楼板上乱放杂物，导致荷载增大发生坍塌事故。本项需要评价的内容为：施工方案、临边防护、排水措施、模板支撑及荷载、支拆模板。

5.塔吊

塔吊作为建筑施工安全评价输入指标中的一项，重点评价的"四限位"和"两保险"的全面性和可靠性，四限位是指力矩、超高、变幅、行走限位装置。另外还需要评价的是作业方案是否预先制定，对塔吊进行安拆的施工队伍是否经过专业培训，是否由具有相应资质的队伍对塔吊进行安拆等。

第四节 高层建筑施工安全评价输入指标体系的构建

构建合理的评价指标体系是对高层建筑工程施工安全进行评价的基础，选取指标是否合适会直接影响最终的安全评结果。

分析高层建筑工程项目施工安全管理的内容和影响因素，参看大量施工现场安全管理的文件资料、关联文献，深入施工现场与项目安全管理人员探讨、交流，参考行业标准和规范，包括《施工企业安全评价标准》(JGJ/T77-2003)《建筑机械使用安全技术规范》(JGJ33-2012)《建筑施工起重吊装工程安全技术规范》(JGJ276-2012)《建筑施工安全检查标准》(JGJ-2011)等，根据前述指标体系构建原则建立了如下高层建筑施工安全评价体系，包括2个层次、6个准则层，21个评价指标。下面就六大类因素分别做详细阐述。

一、人的因素

建筑行业比较复杂，技术含量高，研究表明，人的不当行为造成了70%以上的事故，因此人的因素是一项重要指标。

1.高层建筑施工专业知识和安全意识

高层建筑工程项目施工现场的施工操作人员必须具备一定程度的高层建筑施工安全意识和专业知识，在具体操作前，施工安全管理部门要组织具有针对性的安全意识、专业知识培养训练，防止在高层建筑施工过程中由于缺少安全意识和专业知识而导致安全事故发生。

2.施工工人操作的熟练程度

一旦完成工程项目，工程项目组成员就会解散，这就引起不同程度的人员流动，参加新项目的建筑施工人员也许是技术比较娴熟的，也许是刚上岗培训完就进行实际工作的，对于那些技术不熟练的施工操作人员来说，容易发生操作上的失误，导致安全事故。

3.施工工人的高层施工安全培训情况

安全管理部门有没有专门组织施工负责人和现场施工操作人员进行安全培训,直接影响到现实操作中施工人员会不会遵循安全第一的原则来操作。工程项目人员必须依据安全培训的内容和有关制度进行施工,只有这样才能确保高层建筑工程进行安全地施工。

4.高层特种作业人员上岗证持有情况

高层建筑工程项目特种作业人员没有证就去上岗,这对于工程项目来说是巨大的安全隐患,高层特种作业人员没有上岗证,表明其不是没有经过有关部门的检验,就是在以前项目的施工过程中出现重大失误,而被吊销了证件。这些作业人员只会降低工程项目施工安全性,因此,必须做好对高层特种作业人员的安全管理。

5.施工人员生理保健素质

由于高层建筑工程项目层数比较多、施工比较复杂、隐藏安全隐患比较多,要求现场施工人员既要在生理上保持健康状态又要心理上保持完全健康,这样才能确保现实中安全地施工操作。

二、材料因素

材料是高层建筑工程项目施工的物质基础,同时也是工程项目安全管理非常重要的对象,为了确保项目施工安全,在材料进场前和进场后都要做好相应的施工安全保障。

1.高层施工材料的质量

质量合格的材料是高层建筑工程项目安全施工的基础,当选取材料时,必须要求材料供应商按照规定提供检验报告、质量合格证以及相关的技术资料,项目施工的安全性将直接受到材料质量好坏的影响。

2.高层施工材料的装卸

高层建筑施工现场卸料时,不论施工现场指挥人员、操作人员,还是运输车辆、机械设备内的司机每一个人都要耳听八方、眼观六路,交流、指挥信号明确、清晰,避免在材料装卸过程中出现人员伤亡,选取得当的装料、卸料地点。保证材料装卸工作的运行安全,能够极大地提升高层建筑工程项目施工的安全性。

3.高层施工材料的堆放

高层建筑施工现场的东西非常多,各种构件,各种材料多的难以计数,整齐地存放,非常重要。存放的位置必须是平面图指定的位置。在堆放地点挂上相应标志牌,记载清楚其数量、规格、名称以及安全距离等,必须按照施工平面图和有关安全规范将材料、构件放在具体位置和堆放高度。

三、机械设备因素

高层建筑的施工过程中会使用大量的机械设备,它们规格不同、型号各异。施工过程顺利安全的进行对于一个高层建筑工程项目非常重要,为了减小安全事故出现的可能性,需要做好各项机械设备的安全防护工作。

1.机械设备的装卸

高层建筑工程项目在施工过程中要使用很多高吨位、大体积的大型机械设备,需要时在施工现场安装,竣工后又得从施工现场安全撤离,施工现场装卸过程是比较复杂的,很容易导致安全事故,所以,在机械设备装卸时必须要有好的安全防范保护措施。

2.垂直运输机械的可靠性

高层建筑工程项目施工现场的垂直运输机械能否安全、正常工作直接决定着整个施工过程能否安全、顺利地进行下去,所以在垂直运输机械进场前,要依据有关规定和行业标准进行检测。只有在遵守安全规定基本原则的基础上,垂直运输机械的才能投入使用。

3.机械设备的维修和保养

发热、松动、磨损等故障在机械设备正常使用过程中会经常出现,严重的还会影响正常使用,如果不及时修理,则会对机械设备造成损害,甚至导致人员伤亡事故。所以,在高层建筑工程的施工时要时常保养、维修和检查机械设备,确保其能够一直都处在安全工作的状态。

四、技术因素

在高层建筑工程项目施工时,为了确保项目安全,需要运用与项目现实情况相符的施工工艺,同时也需要严格依照施工设计的内容及规定来进行施工。

1.施工组织设计

施工组织设计是针对高层建筑工程项目自身,以及所在的人文环境、地质环境、气候环境等编制的方案。科学、合理的施工组织设计方案是高层建筑工程项目安全施工的指导原则,施工时能否严格按照施工组织设计的各项要求及规定执行,决定着工程项目的成败,同时也决定着工程项目最终的安全移交。

2.分部安全技术交底

安全技术交底在高层建筑工程项目施工中起着非常重要的作用,到位、全面、安全的安全技术工作保障了项目施工的安全性。在项目施工时,项目的各个部门必须互相合作完成好分部安全技术交底,减少工程项目安全事故出现的可能性。

3.工程项目设计的优良程度

保证高层建筑工程项目施工的安全性,在施工时要严格按照安全操作规程操作。工程设计的优良与否,有没有依项目所处地质环境和各种有关安全指标为基础进行设计,这些都是直接影响高层建筑工程项目安全施工的重要因素,因此必须要从勘察设计阶段起就要保障项目的安全。

4.新工艺、工法的采用

随着施工工艺及工法逐渐改进,高层建筑施工过程中采用了越来越多的新工法和新工艺,因为缺乏使用经验,有可能会导致安全事故,所以安全管理人员必须在采用前做好有针对性、全面的安全交底工作。

五、环境因素

高层建筑工程的施工环境非常复杂且多变,基本在露天的环境下进行工程项目的主体结构施工,这极大地影响了施工的安全性,要清楚地认识项目施工所处的环境,减小安全事故发生的可能性。

1.当地气候条件

在项目开工前对项目所在地的气候条件进行全面的调查分析,施工过程中依据当地具体的气候、天气情况部署、安排工程项目施工的相应内容,同时也要进行好相应的安全防护准备。

2.当地地质条件

高层建筑工程项目施工受地质条件的影响非常大,不仅要仔细参看由勘察设计单位提供的勘察设计文件资料,还要在项目开工前对工程项目所在地的水文、地貌、地形、地质等情况做深层次的勘察核实,防止由勘察设计工作中的漏洞和疏忽造成安全事故。

3.施工现场环境

高层建筑施工现场的环境条件非常复杂,大量各种各样的环境因素影响着施工的进程。这些因素影响现场施工操作人员能不能处于最佳工作状态,安全警惕性和工作效率有没有被影响,它们是否适宜,都会决定项目能否安全施工。

4.人文、社会环境

高层建筑需要各个参与方同心协力才能完成一个品质优良的工程项目,这些参与方的道德素质等自身条件对项目有很大的影响,因为员工的工作效率和状态与此息息相关。不好的工作状态、低下的工作效率都会造成项目施工发生事故的隐患。

六、管理因素

高层建筑工程施工现场安全管理做到什么程度,将决定项目实施的安全性,为了确保项目安全地施工,需要完成好项目施工现场的安全管理工作。

1.安全操作规章完善情况

完善、详细的安全操作规章能够保证高层建筑工程项目施工顺利、安全地进行,在具体施工中,事先制定的安全操作规章必须要求各级安全管理人员以及现场操作人员严格遵守。

2.安全管理机构及岗位的设置

安全管理机构是控制和监督高层建筑工程施工安全的机构,机构体系设置的健全程度,是否合理配置各级机构人员都直接影响安全管理的水平。

3.施工现场事故的上报制度

安全生产的事故要上报然后进行处理,要建立这样一种机制,有了这种制度,当施工过程中出现事故或者人员伤亡,就可以及时上报并处理,解决好后续事项。就能够及时组织抢救,降低损害程度,同时能够依法调查、明确事故责任。

4.高层施工事故应急救援制度

为了减小安全事故损害的程度要事先制定抢救事故方案,也就是应急救援措施。事故救援活动针对高层建筑工程施工过程中的潜在危险及其引起的后果,采取相应措施以保护国家财产和工人人身安全行动。应急救援工作是减少安全事故损失的必要条件,具有非常重要的作用。

5.定期安全检查

(1)安全检查方法选择。目前安全检查基本上采用安全检查表法和外观检查方法。安全检查的一般方法有看、量、靠、照、听、验等基本方法。

(2)安全检查内容。包括检查各级安全管理人员对施工安全规章制度的建立与落实情况;检查施工方法、施工技术措施的应用是否正确;安全技术交底和操作的实施情况。

(3)安全检查结果处理。在进行安全检查之后对检查出来的问题分别进行分类登记,作为现场安全资料,以便日后整改备查;在查清施工安全隐患的原因之后,要及时编写整改方案,并落实整改责任人,组织人力物力进行整改;并及时通知有关检查验收部门进行复检。

6.现场施工安全保护措施的执行

(1)安全技术交底工作。主要考察在施工前期,开展的每道工序是否都进行安全技术交底工作,还要考察工序中各道环节的施工技术措施和安全技术标准是否对作业人员进行了详细的说明。

(2)安全标准化保护措施。主要考察对建筑工程施工过程中可能存在的安全隐患的保护措施制定情况,包括有关脚手架、模板的安装拆卸过程中的危险源,特别是在"四口""五临边"处是否按照安全标准化保护措施来进行安全防护。

(3)专项施工方案的安全交底。主要考察在进行爆破、拆除工程和高空作业时,是否编制了安全专项施工方案,编制完后必须对参加该工程现场指挥的工作人员、技术人员、作业人员分别进行技术交底和安全交底。

7.有效地安全投入成本

(1)人员的投入。要严格按照前面所说的安全机构及配备相应的安全管理人员。

(2)资金的投入。主要考察资金方面的投入是否到位,其中主要包括有:安全技术措施费、安全设施维护费、安全教育培训费等。

(3)安全防护设施的建设。考察建筑工程现场施工过程中安全设施是否按照国家有关法律法规及行业标准配置齐全。

8.建筑安全法律法规的制定与落实情况

(1)安全法律法规的制定情况。为了更好地激励员工主动遵守安全生产有关规定,需要制定一系列符合施工现场实际情况和被员工接受的制度来规范施工。

（2）安全法律规章制度的执行。健全的安全规章制度是一个建筑工程施工项目安全管理工作正常进行的保障，而安全规章制度的最终落脚点在于是否能很好执行。

9．安全生产教育培训工作的开展情况

安全生产教育培训工作承担着传递安全生产经验的任务，安全教育培训可以使员工的安全素质得到不断提升，从而使员工从安全培训中认识到生产活动中安全工作的重要性，更好地掌握安全技能，促进生产顺利进行。

（1）三级安全教育工作。三级安全教育是指对新进员工进行的公司教育、项目部教育和施工班组教育。三级安全教育由安全、质量等部门配合进行。

（2）日常施工安全知识。施工单位应根据具体情况采用多种方式对员工进行安全教育，如定期进行安全生产活动日、安全活动月、安全知识竞赛等活动。

（3）专业安全教育。专项的安全教育培训是指结合某些专项工作的特点，针对该专项进行的安全操作、培训，如针对基础工程、装饰装修工程对作业员工进行安全培训。

（4）特种作业人员安全技术培训与交底。起重作业、电气、焊接等有危险的特种作业人员必须进行岗前培训，在取得上岗证之后才能上岗执业，并需定期参加再培训工作。特种作业在安全技术交底时应详细说明操作细节，从源头控制安全事故的发生。

综上所述，可以建立高层建筑施工安全评价指标体系。

第五节　建筑施工安全评价指标体系的评分标准

一、输入指标检查评分表

参考住房和城乡建设部发布的《建筑施工安全检查标准》并结合前面对安全事故的分析，确定表4-5至4-9所列出的评价输入指标及评分细则。

表4-5　安全管理评分细则

序号	项目名称	扣分准则	应得分数	扣减分数	实得分数
1	安全生产责任制	施工企业没有建立该制度的扣20分 事故企业对于该制度建立不完善，比如责任不清晰或者没人承担相应责任每一处漏洞扣1分	20		

第四章 建筑施工安全评价指标体系建立

续表

序号	项目名称	扣分准则	应得分数	扣减分数	实得分数
2	安全教育	对危险作业人员没有进行相应安全教育和培训的扣20分 所有现场人员安全培训频率少于每周一次的扣2~10分 安全培训的内容不完善或者缺乏在现实操作中能够实际应用的扣2~8分 进行新的分项工程时没有及时进行培训的扣20分	20		
3	安全检查	该制度未建立或者未实施的扣10~20分 对于检查出来的隐患没有制定措施的扣10~15分 没有按照整改措施第一时间进行补救的扣10~20分	20		
4	技术交底	无书面安全技术交底扣20分	20		
5	安全资金保障制度	没有设立安全资金保障制度或者安全资金保障制度设立不健全的扣10~20分 用于安全防护,安全教育,安全技术措施的资金没有落实到位,每项扣10分,扣满20分为止 安全投入占项目投资的比例过少的扣5~15分	20		

表4-6 "三宝""四口"及临边安全评分细则

序号	项目名称	扣分准则	应得分数	扣减分数	实得分数
1	安全帽	进入现场所有人员必须有安全帽,没有的每人扣2分 安全帽的质量和材料不符合标准每一个扣1分	15		
2	安全网	安全网不结实甚至某一区域完全没有的扣5~10分 安全网的强度不达标或者有撕裂痕迹每处扣1分	15		
3	安全带	高处作业人员作业时不配戴安全带每人扣5分 安全带质量不满足相应要求每条扣3分,扣满15分为止	15		
4	临边防护	施工现场临边缺少有效的安全保障每处扣5分 施工现场的临边缺少警示标语每处扣1分	10		
5	洞口防护	"四口"中任一点没有保障措施和警示标语的扣5分 电梯井口处,每两层之间没有设置安全网的扣5分 通道口防护棚的设计安装和材料不符合标准每处扣5分 其余每处洞口安全不满足要求的每处扣2分	10		

续表

序号	项目名称	扣分准则	应得分数	扣减分数	实得分数
6	攀登作业	用于攀登作业的扶梯每一个不安全使用扣2分 梯子本身质量不合格或者存在安全隐患每处扣2分	10		
7	悬空作业	工人执行作业时缺少安全保障措施的每处扣5分 该项作业的安全保障措施没有通过验收合格的扣5分	10		
8	工作平台	移动式操作平台、物料平台、悬挑式钢平台的搭设没有事先编制专项施工方案的扣15分 移动式操作平台、物料平台、悬挑式钢平台的搭设没有按照标准搭设的扣15分 移动式操作平台、物料平台、悬挑式钢平台没有设置明显的限定荷载牌每处扣5分 移动式操作平台、物料平台、悬挑式钢平台的平台板材料质量不满足要求的扣15分 移动式操作平台没有设置防护栏杆和扶梯的扣10分	15		

表 4-7　脚手架的安全评分细则

序号	项目名称	扣分准则	应得分数	扣减分数	实得分数
1	施工方案	脚手架没有施工方案和设计计算书的扣20分 施工方案对现场的指导意义不大的扣2~15分 设计计算书没通过审批的扣1~20分	20		
2	脚手板	脚手板在脚手架上有漏洞或者缺失的,每处扣1分 脚手板所能够承受荷载不大或者塑性过小,扣5~15分 脚手板有部分悬挂在架体外端且无防护的,每处扣8分	20		
3	脚手架材料的检查	材质质量不合格的扣2~20分 脚手杆锈蚀每处扣1分	20		
4	脚手架的交底验收	脚手架搭设没有进行交底的扣10分 脚手架没有进行技术和质量验收的扣10分	20		
5	安全和防护装置	按照安全标准或者设计要求没有设置安全或者防护装置的,按照其重要性扣1~15分	20		

第四章 建筑施工安全评价指标体系建立

表 4-8 模板和基坑安全评分细则

序号	项目名称	扣分准则	应得分数	扣减分数	实得分数
1	施工方案	深基础施工或者模板施工没有编制施工方案的扣20分 基础深度大于5米或者开挖深度超过3米,没有编制专项支护方案的扣20分 施工方案或者专项方案没有通过专家审核通过就开始施工的扣5~10分	20		
2	临边防护	临边防护无论是采取"放坡"或是"支护"方式,只要不符合技术要求和国家标准的每项扣10分 现场施工材料和机械的摆放位置距里边的距离不符合安全距离标准的,每一个扣1分	20		
3	排水措施	按照技术要求应该进行降水或者排水的,没有编制具体的排水或者降水方案的扣20分 排水或者降水方案没有通过专家审核的扣10分 若采取坑外降水的施工方案,没有对临近的建筑物和周围的地下管线采取保护措施的扣10分	20		
4	模板支撑及荷载	模板支撑没有按照设计要求设置的,每处扣5分 模板支撑的材料质量或者其自身质量不合格的扣5分 模板荷载过大或者不均匀的每处扣1分	20		
5	支拆模板	没在危险区域内设置警示标语并由专人看护的扣10分 未达到设计强度后强行拆模的扣10分	20		

表 4-9 塔吊安全评分细则

序号	项目名称	扣分准则	应得分数	扣减分数	实得分数
1	限位装置	没有安装"四限位"装置的每缺一项扣15分 "四限位"装置中不灵敏的,每一项扣10分	25		
2	保护装置	吊钩保险没有安装或者安装不符合要求的扣10分 吊钩的质量和形状不符合安全标准的扣5~10分 应该安装的其他保护装置但缺失的每少一项扣1分	25		

续表

序号	项目名称	扣分准则	应得分数	扣减分数	实得分数
3	多塔作业	多塔作业没有制定相应施工方案的扣15分 施工方案专家没有通过的扣10分 施工现场塔吊之间的最小距离不满足安全性标准的扣15分	25		
4	安装、拆卸与验收	没有指定安装和拆卸塔吊施工方案的扣15分 方案没有进行或者通过相关专家审核的扣10分 进行工作的人员或者队伍不具备相应资质的扣10分 验收资料缺失的扣15分	25		

二、输出指标结果表示的安全状态

表4-10的建立首先是以输入指标的评分细则为基础,由专家询问方式得出来的。然后再由输入指标表格中的评分细则和此表格分值所代表的安全状态,由现场安全管理人员确定测试样本的输入和输出分值,赋予测试样本一定的含义,这样经过改进BP神经网络的训练之后,就进一步强化了输出指标所具备的含义。

表4-10 输出指标分值含义

分值	安全状态
90~100	该输出指标的安全状况良好
80~89	有可能发生该种安全事故
70~79	发生该种危险的概率很大
70以下	存在很严重的安全隐患

第五章
BP 神经网络的建筑施工企业项目评价模型的建立

第一节 现行风险评价的方法

目前风险评价的方法比较多,各种方法都有其局限性,所以要根据具体情况有选择地使用不同的方法。

风险分析常用的方法有:综合评价法、层次分析法(AHP)、蒙特卡罗法(MC)、模糊分析法等。下面主要介绍一下层次分析法和蒙特卡罗法。

一、层次分析法

1.层次分析法原理

层次分析法是 20 世纪 70 年代美国运筹学家 A.L.萨蒂最早提出的,简称 AHP 法,在风险分析中应用时,是将定量分析与定性分析的方法结合起来,系统化、层次化的分析方法。

层次分析法的基本思路是将一个待解决的多目标决策问题,按照多个目标或准则分解成多层次的包括总目标、子目标、评价准则等的结构,然后采用数学方法将定性指标量化,通过对比优先权重,得到各层因素对比后的权重和备选方案的最终权重,得到最优方案。

2.层次分析法的缺陷分析

层次分析法该方法比较适合于具有层次交错指标的目标系统,具有系统性、简洁实用性、所需定量数据信息较少等优点。但是,这种方法也有其不可忽视的问题。

(1)在利用层次分析法时,要求专家在判断指标的权重问题时,专家的判断思维要基本保持一致,如果个别专家意见与整体偏差很大的话,容易出像极端特征值。

（2）利用传统的层次分析法做评价问题时,在综合权重的计算上存在一定的缺陷,用平均数会使得评价的结果与实际值有一定的偏差。

（3）层次分析法在解决较大型的评价问题时,会因为指标过多而增加计算的工程量,同时,若某一因素发生变化,就要对整个过程重新比较计算,工作量较大。

二、蒙特卡罗法

1.蒙特卡罗方法原理

蒙特卡罗法 20 世纪 40 年代美国"曼哈顿计划"计划的成员乌拉姆和冯·诺伊曼首先提出的,是一种以概率统计理论为指导的,利用随机数来进行计算机模拟的方法。蒙特卡罗方法的基本思路是对已知问题的概率分布(若这个问题不具有随机性质,则要通过构造这个问题的概率过程来将它转变为随机性质的问题),然后对一致的概率分布,利用抽样技术进行概率分布抽样,然后确定一个随机变量,作为问题的解来做无偏估计,利用统计方法把问题解的数字特征估计出来。

2.蒙特卡罗法的缺陷分析

一般来说,只要能够得到问题的概率分布,通过计算机多次模拟后,就能够得到问题相对满意的解,但是,这种方法也存在一定的缺陷。

（1）蒙特卡罗方法一般得到的是某一个特定问题的解,它一般的不到给出问题的可行的通解。

（2）蒙特卡罗方法,不是利用充数学的计算方法去得到数值间的变量关系,必须通过计算机对数学模型进行实现,得到的一般只是一个最终解,而中间的计算过程不能清晰表达。

（3）蒙特卡罗方法在模拟试验过程中一般要求每一随机变量相互独立。且计算机运行过程较为复杂,耗时较多。

第二节　BP 神经网络的理论综述

人工神经网络(Artifieial Neural Network,ANN),是利用计算机来模拟生物神经网络系统,通过模拟生物神经系统的工作机理,来抽取其活动过程中的可利用部分通过物理器件进行实现,也就是将生物细胞进行了数学化。

神经网络模型在用于解决问题时,是通过对专门的问题数据的学习和训练找出有联系的特征值,来得到问题的答案。它是一个模拟人脑思维方式的过程,模仿人脑的学习过程对已知的专门问题的样本数据进行学习和训练,模拟人脑的记忆过程将专门问题的特征值进行存储,模拟人脑的联想过程来评价解决新的问题。神经网络已经训练成熟的算法很多,目

第五章 BP 神经网络的建筑施工企业项目评价模型的建立

前比较常用的是 BP(Back Propagation)网络模型。BP 网络模型,正如它的命名,是一种基于逆传播原理的算法,这也是人工神经网络中最精华的部分,由于它优秀的自学习、自联想功能,使得 BP 网络广泛地应用于非线性建模、函数逼近等方面。本文选择 BP 神经网络模型对我国建筑施工企业项目法律风险问题进行评价,它具有结构简单、便于理解的优点,能够很好地实现评价的目的。

一、BP 神经网络的基本理论

BP 神经网络即误差反向传播算法的学习过程,是多层反馈型网络结构,一般由一个输入层、一个输出层和若干个隐含层(也称中间层)所组成,各层处理单元(即神经元,它与人脑的自然细胞类似)之间通过连接权值来实现连接,但位于同一层的处理单元之间不允许有连接。在 BP 神经网络中,隐含层虽然与输入和输出之间没有直接的关联关系,但是隐含层神经元在网络中的状态将直接影响到输入到输出的过程,继而影响整个网络的性能。BP 神经网络结构有以下特点。

(1)能够通过对输入数据的学习来模拟人脑的思考过程,它具有全息联想的特征,具有很强的自学习、自适应能力,把信息和知识通过网络训练进行存储,在一定程度上减少人为的一些失误。

(2)能够进行复杂逻辑的处理,具有高度的非线性,且具有一定的泛化能力,对训练好的网络输入新的数据时,可以自动进行识别,提取和处理信息,完成评价任务。

(3)有较强的容错性,避免个别神经元损坏对全局网络的影响。

(4)它能够借助 MATLAB 软件中提供的神经网络工具箱(NNT)进行计算,且操作过程简易,运算效率高。

BP 神经网络的基本结构图如图 5-1 所示。

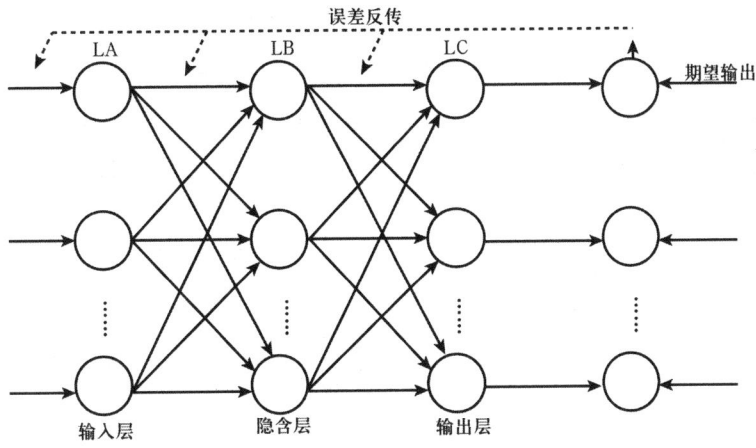

图 5-1 BP 神经网络结构图

二、BP神经网络学习算法

BP神经网络学习算法被称为是一种有"导师"的学习算法,它的学习过程是由两个阶段构成的,若给定一组样本的输入和期望输出值,第一个阶段完成正向传播过程的正向计算,然后通过第二阶段,将误差通过反向传播过程,实现对神经元之间的权值和阈值的调节,反复以上过程直到使输出值落到最终满意的误差范围内,达到网络训练的目的。其学习的过程如下。

(1)正向传播:输入信息通过输入层将信息通过隐含层的神经元,从输出层输出信息,在这一过程中,整个网络神经元之间连接的权值和阈值都是不发生变化的,只是做正向的传递和计算工作,在输出层的输出信息与期望的输出信息之间的误差不满足要求的情况下,网络开始进入反向传播阶段。

(2)反向传播:网络的输出层输出的实际值与期望的输出值的误差范围不满足要求时,误差值会通过输出层进入反向学习阶段,将误差值通过调节网络各层的权值和阈值,来达到最终的实际输出值满足误差要求的目的。

以一个三层的BP神经网络结构为例子来说明BP神经网络的学习过程,如图5-1所示,一个三层的BP神经网络结构是由一个输入层、一个隐含层、一个输出层构成的,层与层之间的神经元相互关联,同层之间的神经元是没有联系的,此处假设输入层有m个输入信息,即输入层包含的m个神经元节点值;隐含层的神经元节点数量一般是根据网络训练的满意程度,根据具体的问题设定的,此处假设包含u个隐含节点;输出层包含的输出信息用n来表示,即输出层包含n个神经元节点值。

令w_{ir}表示输入层节点x_i到隐含层节点y_r间的连接权值,w_{rj}表示隐含层节点y_r到输出层节点z_j间的连接权值,θ_r表示为隐含层节点的阈值,θ_j为输出层节点的阈值。

(1)给w_{ir}、θ_r、w_{rj}、θ_j随机赋一个较小的值,其值一般在0和1之间;

(2)输入样本,设样本个数为P,样本模式为$(A^{(k)} C^{(k)})(k=1,2,\cdots,P)$,样本模式一般表示的都是由众多训练样本的输入值和对应的期望输出值组成的矩阵。将$A^{(k)}$的值$x_i^{(k)}$作为输入层节点的激活值输入到输入层,逐层按公式3-1、3-2所示依次进行正向的计算:

$$y_r = f\left[\sum_{i=1}^{m} w_{ir} \cdot x_i + \theta_r\right] (r=1,2,\cdots,u) \tag{5-1}$$

$$z_j = f\left[\sum_{r=1}^{u} w_{rj} \cdot y_r + \theta_j\right] (j=1,2,\cdots,u) \tag{5-2}$$

其中$f(\cdot)$表示传递函数,通常取为Sigmoid型函数$f(net)=1/[1+\exp(-net)]$,且该函数连续可导,导函数为

$$f'(net) = f(net)[1-f(net)]$$

(3)按公式3-3所示计算输出层节点实际输出值z_j与期望输出值$z_j^{(k)}$的误差;

$$\delta_j = z_j \cdot (1 - z_j) \cdot (z_j^{(k)} - z_j) \tag{5-3}$$

(4)按公式 5-4 所示向输入层节点反向分配误差值;

$$\delta_r = y_r \cdot (1 - y_r) \cdot \left(\sum_{j=1}^{n} w_{rj} \cdot \delta_j \right) \tag{5-4}$$

(5)调整输入层与输出层节点间连接权 w_{rj},输出层节点阈值 θ_j,按式 5-5、式 5-6 所示;

$$w_{rj} = w_{rj} + I_r \cdot y_r \cdot \delta_j \tag{5-5}$$

$$\theta_j = \theta_j + I_r \cdot \delta_j \tag{5-6}$$

调整输入层与隐含层节点间连接权 w_{ir} 及隐含层节点阈值 θ_r,按式 5-7、5-8 所示;

$$w_{ir} = w_{ir} + I_r \cdot x_i \cdot \delta_r \tag{5-7}$$

$$\theta_r = \theta_r + I_r \cdot \delta \tag{5-8}$$

其中 I_r 表示学习速率。

(6)按式 5-9 所示计算误差,当误差小于给定的拟合误差时,网络训练结束;否则转入(2)继续训练。

$$E_{AV} = \frac{\frac{1}{2} \sum_{k=1}^{p} \sum_{j=1}^{n} (z_j^{(k)} - z_j)^1}{p} \tag{5-9}$$

此处的 E_AV 表示的是网络训练的目标误差函数,($j=1,2,\cdots,n;k=1,2,\cdots,p$)。

基于上述计算过程对特定的样本进行训练,就能把拟解决问题的特征值反应在权值和阈值上,然后就可以利用这组特定的值来求解实际问题的结果。

第三节 BP 神经网络模型的建立

一、网络层数的确定

BP 神经网络解决问题的效果是与网络结构的复杂性息息相关的,一般认为,结构比较复杂的神经网络,可以增加网络的非线性映射能力,对解决问题效果的提高是有帮助的,但同样的,会因为增加了网络结构的复杂程度,而使得整个网络的训练时间增加;可是网络结构如果过于简单,可能会达不到网络训练的理想状态。若想提高 BP 神经网络解决问题的能力,可以通过增加隐含层的数目和隐含层神经元数目的方法来实现,但现实操作中,增加隐含层神经元数目更容易实现目的。

许多学者已经通过大量的实验证明,一个三层的 BP 神经网络结果可以以任意的精度去逼近一个非线性函数的映射问题,且精度、准确度在隐含层神经元数目设置合理的情况下,都可以满足解决问题的要求,且训练时间、效果都比较理想。因此,本文也采用含有一层隐含层的三层 BP 神经网络结构来解决我国建筑施工企业项目法律风险评价的问题。

二、各层神经元数目的确定

1. 输入层神经元数目

根据建立的我国建筑施工企业项目法律风险评价指标体系,可以确定研究的 BP 神经网络模型的输入层神经元数目,将价格风险;工程量风险;合同合法性风险;合同对方履约能力风险;合同质量标准风险;与工程相关条款约定不明确或不具可操作性风险;分包单位资质风险;分包合同风险;工程开工前未按规定办理相关手续风险;发包人提供的开工条件与合同约定不符风险;建筑材料、设备、构配件质量风险;工程材料、构配件、设备、商品砼等检验风险;施工组织设计、施工方案审查实施风险;工程操作人员上岗资格风险;隐蔽工程质量风险;工期风险;未按图纸、合同、标准、施工验收规范施工风险;不按有关工程操作规程施工风险;工序质量风险;分包工程质量风险;未及时进行签证索赔风险;签证、索赔内容及证据不符合要求风险;工程资料管理不善风险;提前交付使用风险;疏于核查变更证据、签证风险;工程资料、工程移交不规范风险;竣工验收后新增工程处理不当风险;未履行应尽的保修责任风险。共 28 个指标作为 BP 神经网络模型的输入节点。

2. 隐含层神经元数目

隐含层神经元数目的确定一直都是一个较复杂的问题,它一般与输入层神经元数目和输出层神经元的数目都有关系,学者们至今还没有研究出来一个准确的公式,根据输入层神经元数目和输出层神经元数目,确定某种关系,来比较准确的利用公式计算出隐含层神经元的数目。由于隐含层神经元的数目会对网络训练的时间和效果产生一定的影响,所以在实际操作中通常是通过经验公式先得到一个大概的隐含层神经元数目,然后把不同的神经元数目带入到网络中进行训练,观察网络对隐含层神经元数目的不同值的反映情况,可以根据网络的训练输出误差和网络训练的速度等来评判,最终确定适合与特定问题的隐含层神经元数目,从而避免因隐含层神经元数目设置得过大而引起的训练时间过长、出现局部极小值等问题,或者因神经元数目设置得过少而使网络达不到训练目的、结果失真等问题。

公式 5-10~5-14 给出了近年来,学者们根据经验给出的隐含层神经元节点数目确定的参考公式:

$$n_H = \sqrt{n+m} + a \qquad (5-10)$$

$$n_H = \sqrt{n \times m} \qquad (5-11)$$

$$n_H = \frac{n+m}{2} \qquad (5-12)$$

$$n_H \leq \sqrt{m(n+3)} + 1 \qquad (5-13)$$

第五章 BP 神经网络的建筑施工企业项目评价模型的建立

$$n_H = \log_2 m \tag{5-14}$$

上述公式中,n_H 表示隐含层神经元数目,m、n 分别表示输出层神经元数目和输入层神经元数目,a 表示 1~10 的常数。

其中,公式 5-10 应用得比较为普遍。通过网络模型的实际检测,对比误差和网络性能,建立的神经网络模型的隐含层神经元数目最终确定为 12 个。

3.输出层神经元数目

输出层神经元数目的选择应该与所研究问题相结合,针对期望得到的问题答案,即给出的期望输出值来确定。我国建筑施工企业项目法律风险评价问题的期望输出是施工企业某项目法律风险情况的总体评价值,因此,根据想得到的问题的研究结果情况,建立的神经网络的输出层神经元数目选择为 1。

三、传递函数的选取

当前,BP 神经网络的神经元传递函数有的类型比较多,运用比较多的传递函数类型主要有阈值型、线性型和 S 型。

1.阈值型

阈值型传递函数其输出状态比较简单,如图 5-2 所示的输入输出关系,单极性的阈值传递函数取 1 或者 0 值;双极性阈值传递函数取+1 或者-1 值。分别都是通过两个值来表示神经元的兴奋或者抑制状态的。

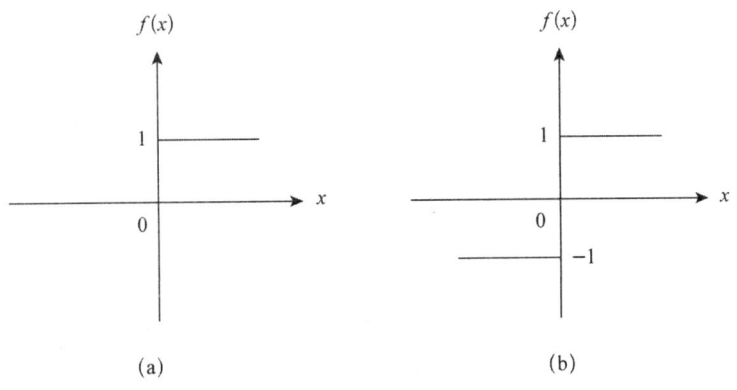

(a) 单极性的阈值型传递函数　(b) 双极性的阈值型传递函数

图 5-2　阈值型传递函数

式 5-15 和式 5-16 分别表示单极性的阈值型传递函数和双极性的阈值型传递函数的表达式。

$$f(x) = \begin{cases} 1 & x \geq 0 \\ 0 & x < 0 \end{cases} \tag{5-15}$$

$$f(x) = \begin{cases} 1 & x \geq 0 \\ -1 & x < 0 \end{cases} \tag{5-16}$$

2.线性型

线性传递函数网络的输出值与网络输入值之间呈现出一种线型对应关系,它在实际网络中一般都是用加权输入值与相应误差的和来对应输出值,其传递函数的表示如图 5-3。

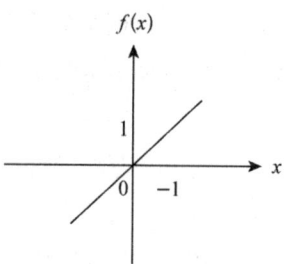

图 5-3 线性型传递函数

3.S 型

S 型(Sigmoid 响应特性)传递函数可以通过系数 x 来调节的 Sigmoid 函数的响应特性,它的输出范围一般在[0,1]或者[-1,+1]之间,它具有较强的处理非线性问题的能力,它的表现形式有对数和双曲正切 S 型两种,函数图形如图 5-4 所示,其中对数型运用的较多。

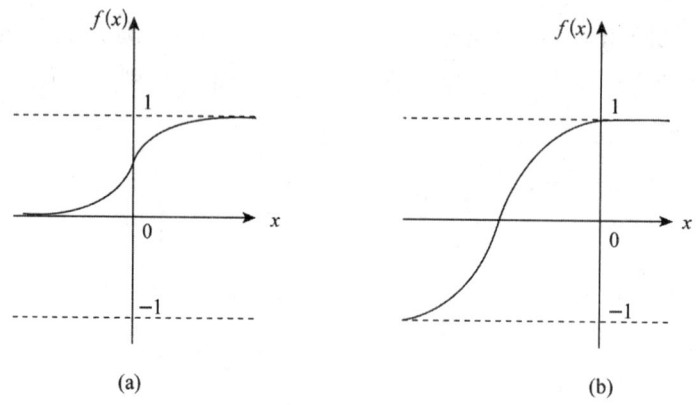

（a）对数 S 型传递函数　（b）正切 S 型传递函数

图 5-4 S 型传递函数

式 5-17、式 5-18 分别表示对数 S 型传递函数及双曲正切 S 型传递函数的表达式。

$$f(x) = \frac{1}{1+e^{-x}} \tag{5-17}$$

$$f(x) = \frac{1-e^{-2x}}{1+e^{-2x}} \tag{5-18}$$

本书研究的建筑施工企业项目法律风险评价问题,它的输入值与输出值之间具有典型的非线性特征,所以选用 S 型对数作为传递函数。

四、网络学习参数的选取

1. 初始权值和阈值的选择

整个神经网络的训练都是通过调整网络的权值和阈值来实现的,权值充当的是调节网络权重的作用,而阈值充当边界值的作用,也就是说超过阈值,就会引起某一变化,不超过阈值,无论是多少,都不产生影响。网络初始权值和阈值的大小对网络的影响都比较大,如果权值设置的过大,会使得加权得到的输出值落入到传递函数的饱和区中,达不到调节的目的,阈值的设置原理也是一样的,一般理想的状态是,初始权值和阈值的设定使得网络的输出值能够在函数变化比较大的地方进行调节。初始权值和阈值通常会设置为(0.1)之间的随机数。本文的权值和阈值在建立 MATLAB 网络模型时,通过调用函数按随机产生的确定。

2. 学习速率的选取

引入学习速率的目的主要是加快网络的收敛速度,也就是说学习速率多网络训练过程中的权值和阈值的变化量会产生影响,它的确定是一个非常复杂的问题,一般在人为设定时,都是通过对比网络训练后的误差平方和的下降速率来判断它的准确性,过大可能会导致网络出现振荡现象,过小的话又会导致网络的训练时间过长,收敛速度过慢等问题的发生。一般值取为 0.01~0.8,本文的学习速率通过调用函数,来实现变化的自适应学习速率。

第六章
人工神经网络原理与 MATLAB 实现

第一节 人工神经网络简介

一、人工神经网络的发展历程

神经网络的研究至今约有 70 年,其发展历史大致可以分为以下三个阶段。

1.初创时期

1943 年,心理学家 W.S.McCulloeh 和数学家 W.A.Pitts 发表了一篇关于生物神经网络的著名文献,提出了 5 条神经元运行方式的假说,并建立了神经元的数学模型,称为 M.P 模型,开创了神经网络研究的新纪元。1949 年,另一位重要的贡献者,著名的心理学家 Donala O. Hebb 首先建立了神经网络的连接权值训练算法,他认为,在神经网络中信息的存储方式表现为神经元之间连接属性的改变,对神经网络模型中连接权值的调节过程就是对生物神经网络信息存储过程的学习模仿,为神经网络的发展奠定了算法基础,该算法即被命名为 Hebb 算法。1958 年,Frank Rosenblatt 发展了感知器(Perceptron)的概念,提出了首个具有三层网络性质的神经网络模型,它是第一个具有精确定义的面向计算的神经网络计算模型。随着计算机技术的发展,这种感知器模型所具有的广泛适应性迅速获得了各行各业工程人员的青睐,神经网络的相关理论也得到了快速发展。1960 年,自适应线性单元提出,使用最小均方学习规则进行训练,为神经网络模型的计算机应用奠定了理论基础。

2.低潮时期

进入 20 世纪 60 年代后,神经网络感知器模型的一些缺点逐渐暴露出来,比如它无法进行异或运算,无法进行非线性方程的数值计算,具有隐含层的神经网络尚无理论支撑。当时的计算机技术也限制了神经网络的发展,神经元数量受到极大制的,神经网络的应用范围无法拓展。近 20 年的时间里,神经网络研究工作几近停滞。

3.复苏时期

进入 20 世纪 60 年代后,神经网络的研究重新复苏起来。1982 年,加州理工学院的 Hopfield 博士建立了 Hopfield 神经网络模型,实现了网络在动态稳定环境下对信息的存储。输入样本如果含有噪声,网络依然能够恰当地处理信息、记忆信息。利用 Hopfield 理论,美国贝尔实验室成功制造了硬件的计算机神经网络,继而实现了对耳蜗和视网膜的仿真。1987 年,首届国际神经网络学术会议在美国加州召开,逾 1600 人参会,会上正式成立了国际神经网络学会(INNS),神经网络理论又蓬勃发展了起来。20 世纪 80 年代中期,神经网络理论才开始受到我国学者的关注,1990 年我国首届神经网络学术大会在北京召开,神经网络理论正式走进中国。1991 年在南京召开的第二届中国神经网络学术大会上,中国神经网络学会成立。二十多年来,人工神经网络理论在我国取得了令人瞩目的发展,神经网络技术已经广泛运用于各行各业的发展创新之中。如模式识别和信号处理,自动化控制系统和智能检测系统、汽车工程、化学工程、土木工程、股票预测、风险分析等。

二、人工神经网络的基本理论

人脑是物质世界最杰出的作品,是世界上最复杂的信息处理系统。人脑的生物神经系统是人类一切活动的控制中心,也是人工神经网络学习模仿的最高级目标。人工神经元模型也是来源于生物神经元。生物神经网络有细胞体、树突和轴突组成,细胞体是神经元的主体,树突是负责接收其他神经细胞传来的刺激信号,轴突负责将刺激信号,即神经冲动,传递给别的神经元细胞,如图 6-1 所示。生物神经元传递的信号本质上是电信号,即神经元细胞膜内外侧的电位差:如果膜电位偏向正极,则该神经元传递兴奋信号;如果膜电位偏向负极,则该神经元传递抑制信号。

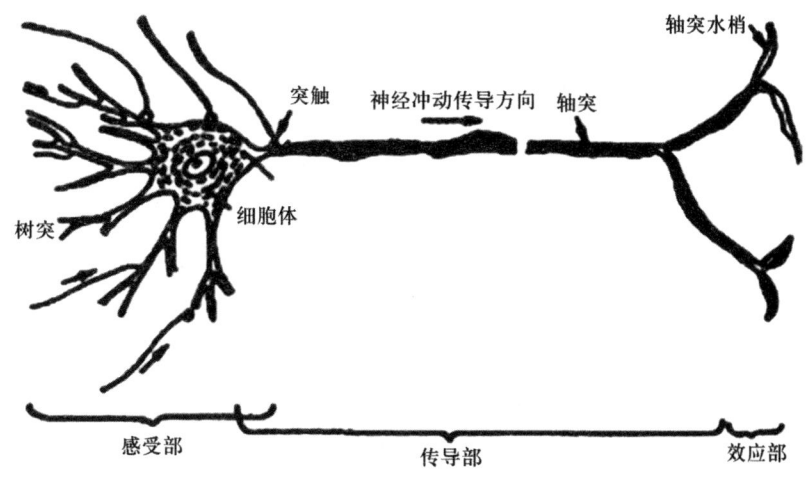

图 6-1 生物神经元结构示意图

人工神经元模型汲取了生物神经元的精髓所在,在逻辑上、数学上模拟了细胞体、轴突、树突、信号传递等物质和过程,构造了基本的信息处理单元。图 6-1 展示了一个人工神经元模型,也是本书建立神经网络所采用的神经元模型。该模型有四个组成部分。

(1)一组具有突触权值的突触。突触的个数与输入信号向量的维度有关,每个维度对应一个突触及其突触权值。设 $x \in R^{n \times 1}$ 为输入向量, $x = (x_1, x_2, \cdots, x_n)^T$,每个向量的分量而对应一个突触权值 w_{ij}, $w_i = (w_{i1}, w_{i2}, \cdots, w_{in})^T$, i 表示神经网络中某层内的第 i 个神经元。输入信号 x 通过突触权值 w_{ij} 神经元 i 传导信息,即 x_j 与 W_{ij} 相乘。

(2)求和结构。求和装置是一个加法器,用于叠加所有传入信号,是个线性组合器,即:

$$u_i = \sum_{j=1}^{n} w_{ij} x_j = w_i^T \cdot x = x^T \cdot w_i \tag{6-1}$$

(3)激活函数。激活函数 $f(\cdot)$ 可以是连续值、线性、二值、双极值的,非线性的激活函数得到广泛运用,因为它可以将输入值映射到有界的值域内,值域范围可以按需要调整,通常为 $[0,1]$ 或 $[-1,1]$。在大规模、高度互联的人工神经网络结构内,非线性激活函数对网络的分类、近似和抗噪声干扰发挥至关重要的作用。激活函数的种类与选择将在后文详细介绍。

(4)阈值或偏置。阈值 θ_i 通常作用于神经元外部,用于降低突触对激活函数的累积输入,在激活函数之前从 u_i 内减去。也有某些时候需要对 u_i 进行增强,称之为偏置,因此偏置即为负的阈值,与生物神经元的兴奋、抑制状态相对应。令经过阈值或偏置修正的输入值为 v_i,称为有效内在激活电位(activation potential),作用于激活函数,得出输出结果 y_i。阈值的作用在数学上可以认为是对求和结构输出 u_i 应用一次仿射变换,即:

$$y_i = f(v_i) = f(u_i - \theta_i) = f\left(\sum_{j=1}^{n} w_{ij} x_j - \theta_i\right) \tag{6-2}$$

以上过程建立了人工神经元模型,有效模仿了生物神经元接受刺激、传导冲动、广泛连接的基本功能。

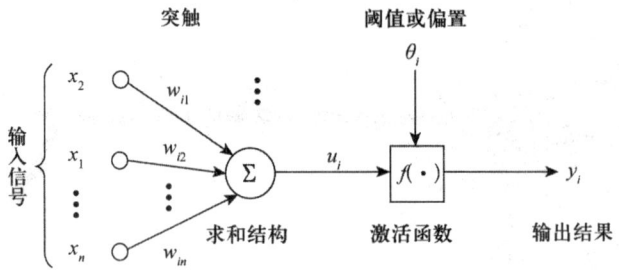

图 6-2　人工神经元模型

三、激活函数

激活函数是神经元模型的核心,没有合适的激活函数,神经元构建的神经网络就无法发挥出期望的效果。常用的神经元激活函数有很多,可以按多种方法对其分类,并无固定的分类方式,大体可分为线性函数、非线性函数两类。线性激活函数有线性函数、阈值型函数、分段函数等,如图 6-3 所示。

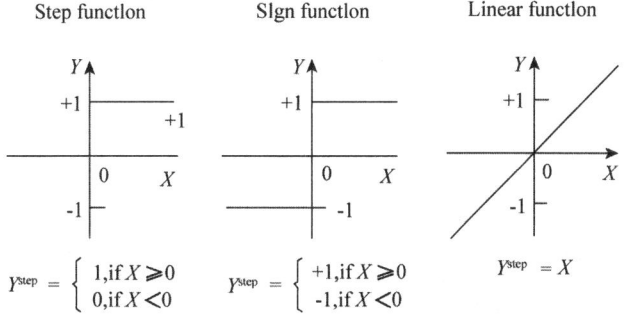

图 6-3 线性激活函数

非线性函数最典型、最常用的是 S 型函数(sigmoid function),有二值 S 型函数和双曲正切 S 型函数两种。二值 S 型函数在国外也被称为对数函数,但与初等数学范围内的对数函数完全不同,二值 S 型函数的定义为:

$$y_i = f_{\text{bs}}(v_i) = \frac{1}{1+e^{-\alpha v_i}} \tag{6-3}$$

双曲正切 S 型函数的定义为:

$$y_i = f_{\text{bts}}(v_i) = \tanh(\alpha v_i) = \frac{e^{\alpha v_i} - e^{-\alpha v_i}}{e^{\alpha v_i} + e^{-\alpha v_i}} = \frac{1 - e^{-2\alpha v_i}}{1 + e^{-2\alpha v_i}} \tag{6-4}$$

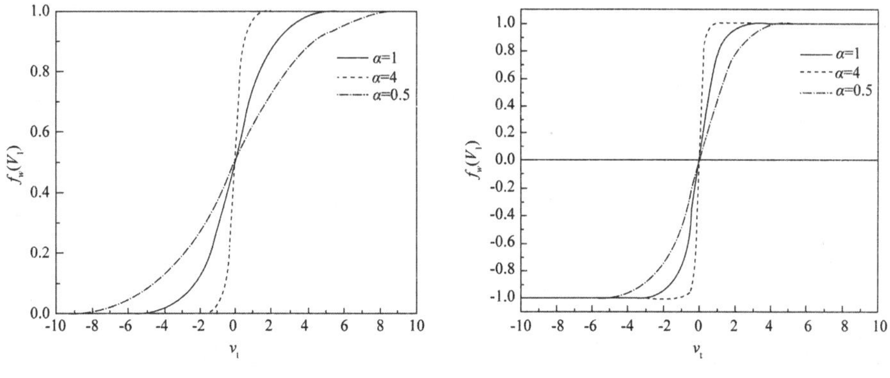

图 6-4 S 型激活函数

由图 6-4 可以看出,这两种函数定义域为 R,且在定义域上连续可微,这是对神经网络极为重要的特性。另一个重要特性是这两个激活函数的导函数均可由其原函数来表示,这对多层前馈感知器的学习至关重要,BP 神经网络作为一种多层前馈感知网络,必须使用这种 S 型激活函数。

二值 S 型函数的导函数为:

$$f'_{\text{bs}}(v_i) = \frac{\alpha e^{-\alpha v_i}}{(1+e^{-\alpha v_i})^2} = \alpha f_{\text{bs}}(v_i)[1 - f_{\text{bs}}(v_i)] \tag{6-5}$$

双曲正切 S 型函数的导函数为:

$$f'_{\text{hts}}(v_i) = \frac{\mathrm{d}f_{\text{hts}}(v_i)}{\mathrm{d}v_i} = \alpha[1+f_{\text{hts}}(v_i)][1-f_{\text{hts}}(v_i)] \qquad (6\text{-}6)$$

其他的非线性激活函数还有高斯函数、正弦函数、反正切函数等,用于某些特殊问题。

四、常用学习算法

神经网络的学习训练过程就是不断改变神经元的连接权值的过程,学习的方式基本分为有教师学习和无教师学习两种。有教师学习方式需要给定一个或多个标准样本,神经网络以此为目标进行学习训练,根据目标输出值与实际输出值的误差调节网络连接权值。无教师学习方式不需要给定标准样本,神经网络完全依靠所提供样本数据自身存在的某些统计规律调节网络连接权值,最终的训练结果能反映出输入样本的某些固有特征,如符合统计上的某种分布等。

神经网络的学习规则本质上就是为每一个 w_{ij} 权值大小的修改方式构建的标准,不同的神经网络模型在学习过程中需要采用不同的学习规则,通过定义不同的学习算法来调整神经元的连接权值,以达到期望的效果。常用的学习算法有 Hebb 算法、Delta 算法、竞争学习算法等。Hebb 算法是 1949 年 Donall Hebb 根据生物学的条件反射原理提出的神经元连接强度改变规则,是一种无监督学习算法。如果两个相连的神经元同时处于兴奋或抑制状态,则联系这两个神经元的突触连接权值增大,反之减小。该学习算法是人工神经网络最基本的学习算法,几乎所有的学习算法都可以认为是 Hebb 学习算法的拓展和变形。

Delta 算法又被称为误差校正学习算法,该算法利用输出节点的误差反馈,根据最速下降梯度的思想来改变网络连接权值。它可用于利用非线性神经元建立的神经网络学习过程,且不限制学习样本的数量,对于样本中的部分错误也有较大的包容度,是利用最广泛的神经网络学习算法之一。本书所采用的改进的 BP 神经网络学习算法就是以 Delta 算法为基础的。竞争学习算法是一种广泛用于无教师学习的权值修正算法。根据人脑神经系统的特征,各个神经元细胞之间的相互竞争始终存在,竞争力强的神经元会抑制周围竞争力弱的神经元。竞争学习算法模仿了这种生存模式,在没有目标可以对照的情况下,神经网络会让各个神经元以一定的方式相互竞争,竞争胜利的神经元的权值得到强化,周围失败的神经元的相应权值被弱化。自组织特征映射网络、自适应神经网络等无教师学习型网络均采用该种学习算法。

在 BP 神经网络的学习过程中,工作的信号是正向传播的,而误差信号是反向传播的,这样反复进行来训练神经网络。表 6-1 为各个字母及其所表示的含义,这些字母将会在下文阐述中用到。

第六章 人工神经网络原理与 MATLAB 实现

表 6-1 字母表示的含义

字母	含义
P	网络输入
r	输入层神经元个数
s_1	隐含层神经元个数
f_1	隐含层激活函数
s_2	输出层神经元个数
f_2	输出层激活函数
S	网络输出
T	目标矢量

工作信号沿着输入层、隐含层、输出层的顺序传播就称为正向传播。在这个信号的传递过程当中,神经网络权值是固定的,任何一层神经元的状态仅决定下一层神经元的状态,当输出层没有得到期望输出时,这个过程就会转而进入误差信号反向传播过程隐含层中第 1 个神经元的输出为:

$$a_{1i} = f_1\Big(\sum_{j=1}^{r} w_{1ij} a_{1i} + b_{2k}\Big) \; i=1,2,\cdots,s_1 \qquad (6-7)$$

输出层第 k 个神经元的输出为:

$$a_{2k} = f_2\Big(\sum_{j=1}^{s_1} w_{1kj} a_{1i} + b_{2k}\Big) \; k=1,2,\cdots,s_2 \qquad (6-8)$$

将函数的误差定义为:

$$E(W,B) + \frac{1}{2}\sum_{K=1}^{s_2}(t_k - a_{2k})^2 \qquad (6-9)$$

误差信号的反向传播:误差信号即是神经网络的实际输出与期望输出之间的差值,误差的反向传播指信号由输出层经过隐含层向输入层传递。在该反向传播过程中,网络的权值是依靠误差反馈来调节的。输出层的权值变化,从第 i 个输入到第 k 个输出的权值变化为:

$$\Delta w_{2ki} = -\eta \frac{\partial E}{\partial a_{2k}} \frac{\partial a_{2k}}{\partial a_{2kt}} = \eta(t_k - a_{2k}) f'_2 a_{1i} = \eta \delta_{ki} a_{1i} \qquad (6-10)$$

式中 $\qquad \delta_{ki} = (t_k - a_{2k}) f'_2 = e_k f'_2 e_k f'_2, e_k = t_k - a_{2k}$

同理可得:

$$\Delta b_{2k} = -\eta \frac{\partial E}{\partial b_{2ki}} = -\eta \frac{\partial E}{\partial a_{2k}} \frac{\partial a_{2k}}{\partial a_{2ki}} = \eta(t_k - a_{2k}) f'_2 = \eta \delta_{ki} \qquad (6-11)$$

隐含层的权值变化。从第 j 个输入到第 i 个输出的权值,其变化量为:

$$\Delta w_{1ij} = -\eta \frac{\partial E}{\partial w_{1ij}} = -\eta \frac{\partial E}{\partial a_{2k}} \frac{\partial a_{2k}}{\partial a_{1i}} \frac{\partial a_{1i}}{\partial w_{1ij}} = \eta \sum_{K=1}^{S_2} (t_k - a_{2k}) f'_2 w_{ki} f'_1 P_j = \eta \delta_{ij} P_j \quad (6-12)$$

式中
$$\delta_{ij} = ef'_1, e_i \sum_{K=1}^{S_2} \delta_{ij} w_{2ki}$$

同理可得：
$$\Delta b_{1i} = \eta \delta_{ij}$$

在处理非线性分类等问题时,通过调整 BP 神经网络的规模(输入节点数、输出节点数、隐含层层数和隐含层节点数)及网络中连接权值来实现,BP 神经网络可以以任意精度来逼近任何非线性函数。

五、BP 神经网络的设计与训练

网络的层数确定、隐层的神经元数、传递函数的选取、训练方法及参数选择是网络结构设计主要内容。评价结果的可靠性直接受到所设计的网络性能影响。

1. 网络的层数确定

一个神经网络起码要有一个输入层和一个输出层,这是前提。选择和设计合理的隐含层会直接决定神经网络的性能如何。待解决问题的复杂程度决定着隐含层的数量。研究表明,要想解决更复杂的问题,通过增加隐含层数就能实现。

2. 隐层的神经元数

在 BP 神经网络中,合理的隐含层神经元设置非常关键,它直接决定着网路模型功能的实现。神经元的数量要适量,不能太多也不能太少,太多会使网络的学习时间变长,太短就很难处理复杂问题。根据实际情况反复比较是确定隐层数量的主要方法,因为目前还没有有效、科学地确定神经元数的办法

3. 传输函数

BP 网络中的传输函数将会在下一章实际应用中做详细阐述。

4. 训练方法及其参数选择

对于处理不同的问题,BP 神经网络有很多训练方法,以及如何选择训练函数及其参数等。

六、BP 神经网络建立的程序

首先,要建立完善、合理的高层建筑施工现场安全评价指标体系和神经网络评价模型,然后进行安全评价的应用,并根据高层建筑施工现场的实际情况,确保安全评价数学模型准确。基于神经网络的高层建筑施工现场安全评价的步骤如下。

(1)确定隐含层的层数,输入层、输出层和隐含层的节点数。

(2)建立安全评价指标体系。

(3)收集适当的学习样本,确定合理的神经网络训练方法。

(4)选择合适的传递函数。

(5)训练 BP 神经网络模型,作为企业安全评价知识库。

(6)运用训练好的 BP 神经网络,通过 MATLAB 模拟仿真技术,利用学习到的知识得到评价结果。

(7)得出评价结果既能当作 BP 神经网络的训练样本,又能丰富加强企业安全评价知识库并增强其性能。

七、人工神经网络的基本特点

组成神经网络的人工神经元模型及其遵守的学习规则决定了人工神经网络的基本点。

1. 并行处理与分布式存储

构成神经网络的每一个人工神经元都是处理问题的小"计算器",每个神经元都根据各自的输入信号独立运算,然后输出结果,再接受新输入信号,不断循环直至网络运行结束。强大的并行运算能力极大地加快了复杂问题的处理速度,高度的并行结构让多重复杂信息得以广泛分布于每一个神经元的每一个连接权值中,当需要运用记忆中的信息时,神经网络能够在输入信息的刺激下进行"联想"。因而人工神经网络的信息存储和处理都是时间上并行、空间上分布式的。

2. 非线性

神经元间广泛的交叉连接使人工神经网络有能力处理复杂的非线性问题,强大的非线性问题处理能力使得人工神经网络的应用范围十分广泛,联想记忆、非线性映射、分类识别、优化处理等都是人工神经网络十分擅长解决的问题。

3. 交错性

人工神经网络在处理、消化错误信号上的表现是令人惊讶的,其并行处理和分布式存储的特征让神经网络在面对有噪声信号时表现出极强的容错性,局部出错不会影响网络整体的记忆和处理能力。

4. 自适应性

人工神经网络建成以后并不是一成不变的,它可以通过对历史数据的学习有效改变网络内的权值大小,以适应全部历史数据具有的特性。因此,神经网络可以及时适应复杂多变的使用环境,使其在动态控制问题上也有优异的表现。

八、人工神经网络的分类

人工神经网络的有很多模型,能够用不同的方法来分类。神经元作为神经元网络最基本的工作单元,其结构是非常简单明了的,其处理能力也相对单一。但是,由大量神经元构成的神经网络有许多优点。本书把人工神经网络分成如下几类,如表 6-2 所示。

表 6-2 人工神经网络的分类

神经网络	概念	结构
单层前向网络	指计算节点是"单层"的网络，如图 6-5 所示	如下图 6-5 所示，源节点的"输入层"被看作一层神经元，该"输入层"不具备计算执行功能
多层前向网络	多层前向网络含有一个或更多的隐含层，计算节点被相应地称为隐含神经元或隐含单元	如图 6-6 所示
反馈网络	指在网络中至少含有一个反馈回路的神经网络	反馈网可以包含一个单层神经元，其中每个神经元将自身的输出信号反馈给其他所有神经元的输入，如图 6-7 所示
随机神经网络	随机神经网络是对神经网络引入随机机制，认为神经元是按照概率的原理进行工作的	各个神经元的兴奋和抑制具有随机性，其概率取决于神经元的输入，如图 6-8 所示
竞争神经网络	竞争神经网络指它的输出神经元相互竞争以确定胜者，胜者指出哪一种原型模式最能代表输入模式	如图 6-9 所示

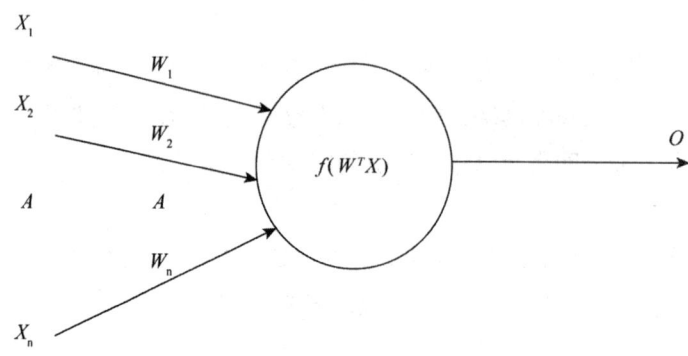

图 6-4 神经元

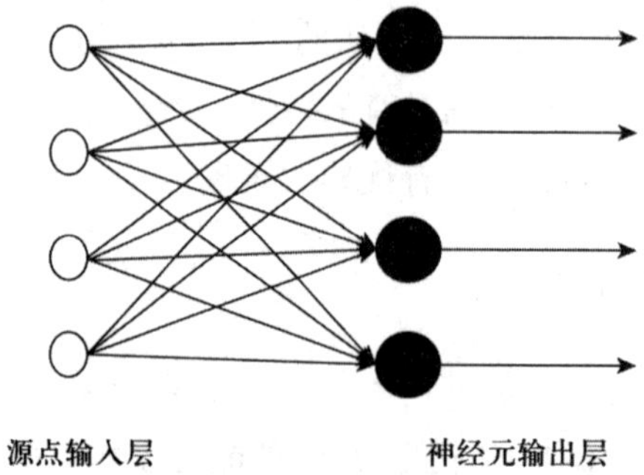

图 6-5 单层前向网络

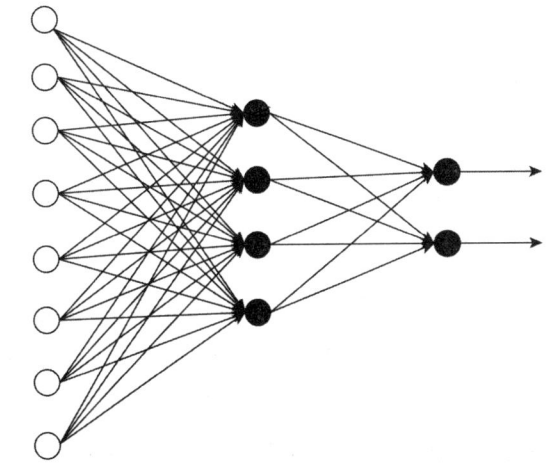

图 6-6　多层前向网络

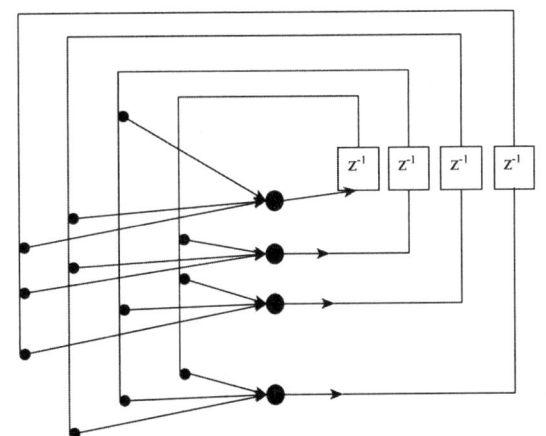

图 6-7　无自反馈和隐含层的反馈网络

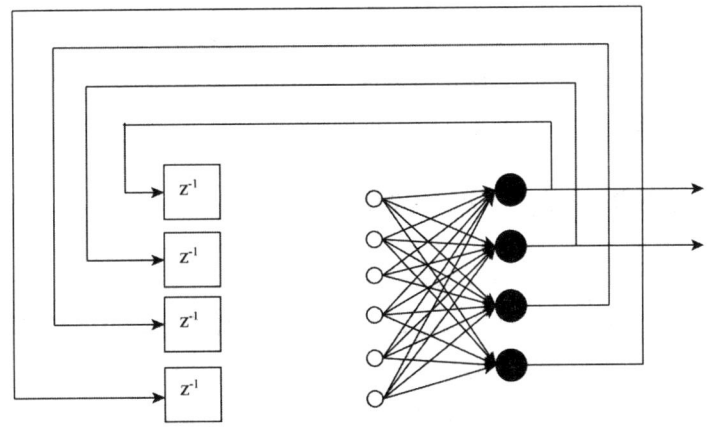

图 6-8　含有隐含层的反馈网络

九、人工神经网络的学习

学习能力是神经元网络的最大特点,主要是在学习过程中,网络的连接权值发生了相应的改变,把学习到的内容记忆在连接权值中。人工神经网络的功能特有性质由网络连接的拓扑结构和突触连接强度决定。

能够用一个矩阵 Pf 来代表神经网络的全体连接权值,它的全部内容体现了神经网络知识存储所解决的问题。神经网络可以学习训练样本,不断地改变神经网络的拓扑结构和连

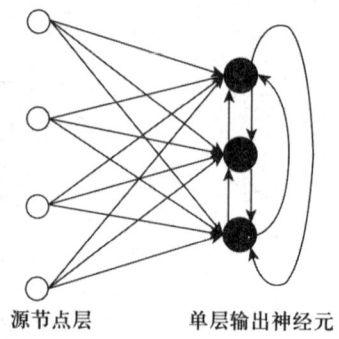

图 6-9　竞争神经网络

接权值来让神经网络的输出不断地靠近期望输出,这样一个过程就称作神经网络的学习或训练,它的本质是动态调整可变权值。

影响神经网络信息处理性能的关键要素就是神经网络的学习方式,所以在神经网络研究中,相关学习的研究占有重要地位。有很多神经网络的学习算法,按照一种广泛使用的分类方法,表 6-3 所示能够将神经网络的学习算法分为两类,即有导师学习和无导师学习。

表 6-3　学习方式的分类

学习方式	特点
有导师学习	在学习时需要给出导师信号
无导师学习	不需要导师信号,提供一个关于网络学习表示方法质量的测量尺度,根据该尺度将网络的参数最优化

本书采用有导师学习的方式来训练神经网络,这种学习方式的标准是人工判断结果,把导师当作对未知外部环境的认知,具体体现就是输入/输出样本集合。这类训练方法是带有主观性的,导师信号或期望响应就是目标输出,让网络输出逐渐逼近导师信号。本书有较为准确真实的研究样本来训练网络,所以采用有导师训练网络,虽然存在一定的缺陷如主观性,但是基本上能够满足本书研究的需要。

十、人工神经网络在评价过程中的优越性

1. 目前高层建筑施工安全评价方法存在的主要问题

高层建筑施工安全评价问题是要求人们用经验、知识和智慧参与判断的决策过程。高层建筑施工安全评价问题有很多系统、很多的层次,复杂的评价问题中还有非常多的定性因素。所以,在安全评价过程中,定性与定量因素相结合是对安全评价方法的要求,尤其有些评价问题中定性因素是起主导作用的,让决策的思维变得规范是人们想做到的。下面介绍一下传统评价方法存在的问题。

(1)一般的评价方法很难反映非线性关系,而评价目标属性之间很大部分都是非线性关系。

(2)人们在准确描述项目目标之间的关系时,经常会遇到许多难题,在各目标权重分配时很难用定量关系式来表达,仅仅能提供各个评价目标的特征和以前的评价结果。

(3)许多信息的来源是虚假的或者信息是不完整的,有时候甚至没有任何条理,评价规则往往相互矛盾。虽然传统的安全评价方法也有所发展,但是有个难题一直无法解决,原因包括随意的主观判断、不确定的思维方式和模糊的认识,这些都对评价结果造成了非常不利的影响。所以,要是能够利用已有的评价结果,有新的方案的属性和特征就能够给出评价,不仅能减少人的主观影响,而且大大提高了科学性和客观性,这就是本书BP神经网络评价方法的优越之处。

2. 人工神经网络在评价过程中的优越性

上文阐述是为了引出神经网络技术,它可以很好地解决传统方法的缺陷问题。一个非常明显的优势就是它可以解决非线性的问题,突破了以往线性评价的瓶颈;神经网络在解决复杂问题方面是一般方法无法比拟的,一般方法在处理信息不完整、矛盾、含糊的复杂问题时往往无计可施。网络的变结构调节过程可以由自学能力把知识获取转化而来,神经网络因此可以简便地提取和记忆知识。经过训练神经网络,可以从样本或事例中归纳出系统中的一般原则,训练好的神经网络可以处理具体问题,不完整的信息也可以通过网络补全。当使用人工神经网络评价问题时,训练好的网络具有了思维的能力,它可以利用自身学习到的经验和知识合理地判断复杂的问题。

第二节 改进 BP 神经网络的 MATLAB 实现

一、MATLAB 软件概况

MATLAB 是美国 MathWorks 公司推出的用于算法开发、数据分析及可视化、数值计算的商业数学软件,主要包括 MATLAB 和 Simulink 两部分核心业务。MATLAB 由 matrix 和 laboratory 两个单词组合而成,意为矩阵实验室。在数值计算方面,MATLAB 在数学类科学软件中首屈一指,它和 Mathematica、Maple 并称为三大数学软件。MATLAB 可以进行矩阵运算、实现算法、绘制函数和数据、连接其他编程语言的程序、创建用户界面等,在工程计算、信号处理与通讯、控制设计、信号检测、图像处理、金融建模设计与分析等领域得到了广泛应用。MATLAB 起源于 Fortran。20 世纪 70 年代,美国的 Cleve Moler 教授在讲授线性代数时,发现很难找到一个便捷、高效的编程语言。因为 Cleve Moler 教授此前曾参与编写了两个重要的 Fortran 程序:EISPACK

和LINPACK,他便利用这两个程序中的部分子程序,为其编写了完整的接口和翻译程序,形成了一套完整的交互式计算软件,这就是MATLAB软件的雏形。经过五十年精益求精的努力,现在MATLAB软件已经发展到了第八代,MATLAB 8.4于2014年10月正式亮相。本书所采用的MATLAB软件为MATLAB 7.14版。MATLAB语言有以下几个特点。

(1)语言简洁,内涵丰富。MATLAB使用的编程语言形式简单,表达方式自由多样,与Basic、Fortran和C语言相比更接近我们的数学思维,就像在草稿纸上演算数学公式推导过程一样,编程效率很高。MATLAB软件有非常庞大的函数库,帮助系统也非常完备,用户可以方便地寻找、学习想要使用的函数,极大简化了编程过程,用户也可以方便地自行定义新函数,拓展了软件的内涵。

(2)操作简单,使用方便。MATLAB软件利用C语言编写而成,拥有C语言丰富的运算符,对变量定义的要求比较自由,相关的算术运算、逻辑运算、关系运算十分方便。拥有友善的用户界面,编辑、编译、连接和执行步骤合而为一,操作灵活。软件可以在主窗口及时显示输入程序中的语法错误、书写错误,信息详细及时,加快了程序编写、调试速度。

(3)体系开放,交互性好。MATLAB提供种类繁多、功能强大的工具箱,8.4版默认工具箱就有82个,还有很多工具箱可以另外安装,几乎涵盖了所有大型计算涉及的领域。所有核心文件和函数都是可读可修改的,用户可以通过对源文件的修改来构建新的函数和工具箱。软件可以与Fortran、C语言混合编程,可以在MATLAB中调用Fortran、C语言的子程序,也可以在Fortran、C语言中方便地调用MATLAB计算引擎,执行MATLAB计算程序。这是其他大型计算软件难以企及的。

(4)绘图功能强大。MATLAB具有强大的数据可视化能力,二维、三维视图的处理命令丰富,使用灵活,还可以完成四维数据、色度处理、光照处理等操作,表现优异,能够满足不同层次用户的需求。

二、MATLAB中的BP神经网络工具

MATLAB中的神经网络建立方式有命令流和GUI(Graphical User Interfaces,即图形用户界面)两种方式。命令流方式可以将用户的所有操作以命令方式记录,包括前期的数据准备和后期的图形优化,均有相应命令可用,使用户的操作完整地转化为命令脚本,便于储存和多次调用,将用户从烦琐的鼠标、键盘操作中解脱出来。GUI模式构建了十分友好的用户界面,与主程序的实时编译、执行特点相结合,给人以极佳的用户体验,真正做到了对编程过程的实时监控。同时,GUI模式与命令流模式是实时连通的,不论用户使用哪种方式操作,MATLAB软件Workspace工作区所存储的所有函数、变量、矩阵都会实时改变。命令流窗口中产生的数据可以直接用于GUI窗口,GUI窗口得到的数据也可以在命令流界面显示。建立神经网络时,GUI模式提供了清晰简洁、功能完备的数据管理界面Network/Data Manager,如图6-10所示。窗口划分的区域有:输入数据、目标数据、输入延时设置、输出数据、误差数

据、设置层延时状态、网络处理区。GUI 窗口可以实时显示神经网络训练过程中的收敛速度、误差等重要参数,对于最大迭代次数、最小允许误差、学习速率等网络设计参数也可以直接在对话框中调整。

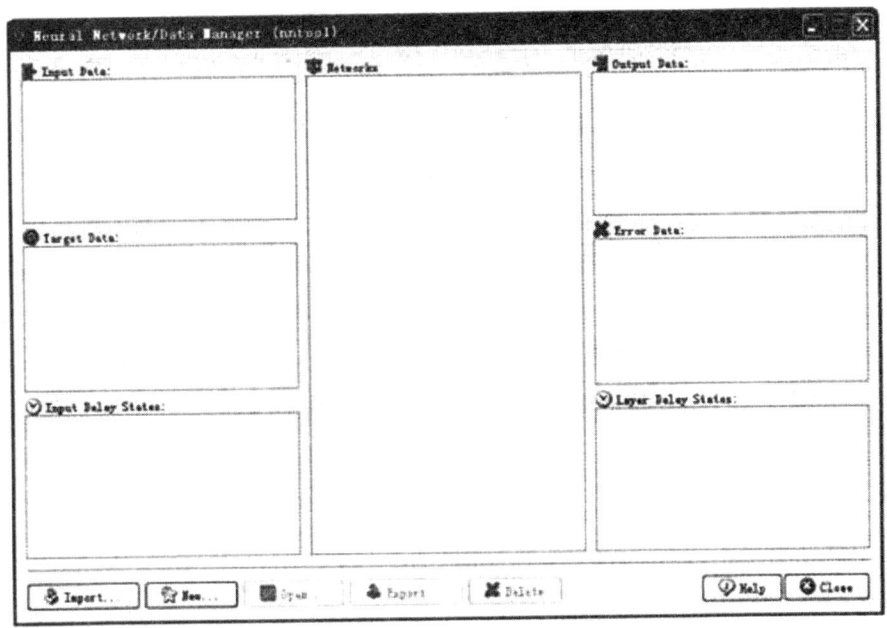

图 6-10 网络/数据管理界面

三、MATLAB 中的 BP 网络常用函数简介

(1)创建函数:newff 函数,其调用格式为

net = newff(PR,[S1 S2…SN],{TF1 TF2…TFN},BTF,BLF PF)

输入参数 PR 是表示输入参数取值范围的二维矩阵,每组参数取其最大值和最小值组成一维,共 R 组输入样本,则 PR 为 RX2 维矩阵。参数[S1 S2…SN]表示各层神经元个数,如 S2 = 2 即表示第二层有两个神经元。{TF1 TF2…TFN}表示各层激活函数的选择,默认值"tansig"函数。参数 BTF 为算法函数,为神经网络的权值和阈值确定 BP 算法,默认值为"learngdm"。参数 PF 称为网络性能函数,默认值为"mse"。

MATLAB 还有多种 BP 网络的创建函数,比如 newcf0 函数,用于创建一个级联前向神经网络;newfftd0 函数,用于创建一个有输入延迟的前向 BP 神经网络。

(2)激活函数:即为前文所示人工神经元模型中的激活函数。BP 神经网络作为非线性神经网络,其神经元中的激活函数必须在定义域上连续可微,常用的激活函数为二值 S 型函数和双曲正切 S 型函数。在 MATLAB 中,二值 S 型函数记为 logsig( ),双曲正切 S 型函数记为 tansig( )。根据前文所述,函数 logsig( )可将输入信号映射到区间(0,1)上,非常适合 BP 算法的训练过程,本书遂采用函数 logsig( )作为各层神经元的激活函数。

(3)学习函数:MATLAB 神经网络模块提供了两个学习函数,即 leamgd0 和 leamgdm0。学习函数的作用是通过对比神经元的输入和误差,按照神经元连接权值和阈值学习速率的步幅,计算连接权值和阈值的变化率。该类函数是 BP 算法中误差反向传播思想的核心表现,也是 BP 神经网络学习训练的关键所在。

Leamgd 函数被称为梯度下降权值/阈值学习函数,是普通 BP 网络学习训练采用的学习函数。Leamgdm 函数被称为梯度下降动量学习函数,其参数设置中含有动量因子,用于含有动量因子的 BP 神经网络学习训练过程。动量因子表现于函数的参数 LP 设置上。这两种学习函数都有参数 LP,为倒数第二个参数,它的意义为学习参数,用于设置神经网络的学习速率,设置格式为 LP.1r=0.01,其中 0.01 即人为指定的学习速率。而在定义 Learngdm 函数的各个参数时,在 LP.1r=-0.01 后还需添加如 LP.mc=0.8,指定动量因子。本书采用改进的 BP 算法,需要定义动量因子,因而必须采用 Learngdm 函数。

(4)性能函数:MATLAB 提供的性能函数也为两个,即函数 mse( ) 和 msereg( )。性能函数,顾名思义,是调整神经网络性能的函数。mse 函数用于计算神经网络的均方误差,供给神经网络修正连接权值时使用。均方误差越小表示神经网络越稳定,性能越好。msereg 函数需要通过两个参数来计算神经网络的修正效果,该函数为均方误差与均方权值和阈值的加权和。较之于函数 mse0,该函数降低了均方误差对于网络权值修正的重要程度,使网络响应更为平滑,可以有效避免过拟合现象的出现。

(5)训练函数:MATLAB 神经网络工具箱中的训练函数有十几种,其中在 BP 神经网络中最常用的有三种,分别为 BFGS 准牛顿 BP 算法函数 trainbfg( )、梯度下降 BP 算法函数 traingd( )、带动量因子的梯度下降 BP 算法函数 traingdm( )。训练函数定义了神经网络学习训练的步骤和规则,函数 trainbf90 不仅可以用于 BP 神经网络,对于任何神经网络,只要该网络的激活函数对权值和输入的导函数始终存在,就可以使用函数 trainbf90 进行训练。该函数的缺点是训练速度较慢。本书采用函数 traingdm0 进行训练。MATLAB 神经网络工具箱为训练函数各参数定义了初始值,用户若需更改,只需在建立神经网络后将有变动的参数进行重新定义,不用深究默认的众多复杂的网络参数,十分方便友好。现将训练函数的部分主要参数及其属性列举如下。

Net.tralnParam.epochs=5000,表示训练次数最大值为 5000 次,若达到 5000 次时误差仍未降至目标范围内,训练过程停止。

Net.1l´alnPRvdlll.show=25,表示两次显示间隔的训练步数,在训练次数较大时,适当增大间隔步数可以使输出图像更加清晰美观。

Net.tralnParam.goal=le.500,表示训练目标,即训练误差不大于该值时,认为网络训练完成。表示训练时间,inf 指训练时间不限。

Net.tralnParam.min_grad=le-6,表示最小性能梯度,适当增大可以加快网络训练速度。

Net.trainParalTl.max—fail=5,表示最大确认失败次数。

Net.trainPararn.searchFcn='srchcha',表示使用的线性搜索路径。

第三节 面向 MATLAB 的 BP 网络模型设计

一、BP 神经网络的创建

指令格式:net=newff

net=newff(PR,[S1,S2,…,SN],{TF1,TF2,…,TFN},BTF,BLF,PF)

参数意义:net=newff 用于在对话框中创建一个前向 BP 网络;

PR 输入向量(共有 R 组输入)的取值范围,其为一个 R×2 维的矩阵;

Si 第 i 层的长度(神经元个数),总共 N 层;

TFi 第 i 层的传递函数,默认为'tansig';

BTF 训练函数,默认为'trainlm';

BLF 权值和阈值的学习算法函数,默认为'leamgdm';

PF 网络的性能函数,默认为'mse';

执行结果:在对话框中创建一个 N 层的前向 BP 网络。

TFi、BTF、BLF、PF 的值还可以根据具体问题,及网络模型的需要,调用 BP 神经网络工具箱中的其他函数。

二、BP 神经网络的初始化

经过上文的分析已经知道,设置权值和阈值能够使待训练的 BP 神经网络初始化,一般我们使用函数 newff 创建神经网络时,系统会自动的权值和阈值设定一个随机值,但是我们也可以通过调用函数命令来实现特定初始值的设置。使用的函数为 init( ),命令格式为:

net=init.(net)

init( )函数会基于最新的网络初始化函数返回网络的权值和阈值,由参数 net.iniFcn 和 net.initParam 来实现。

三、BP 神经网络的训练

BP 神经网络初始化完成后,就可以使用函数 train( )来对网络进行训练,通过反复的训练来达到调整权值和阈值的目的,使得网络的输出值与实际值满足误差要求。可以通过性能函数 net.performFcn 的值来表示。

网络训练的过程,正是通过计算性能函数的梯度,然后沿负梯度方向调整权值和阈值,来实现性能函数值满足要求的目的,MATLAB 神经网络工具箱中的训练函数,基本上都是满足梯度下降法中的批处理模式的,这种模式下,网络权值和阈值的调整是在网络所有的样本输入之后进行的。MATLAB 神经网络工具箱中的函数主要包含两种形式,普通训练函数和快速训练函数,他们主要在网络的收敛速度上有所差异。

1.普通训练函数

(1)批梯度下降训练函数(traingd)。当调用 traingd 函数对网络进行训练时,它的权值和阈值调整就是按照沿网络性能参数的负梯度方向调整的原则,其包含的参数有:epochs;show;goal;time;min_goal;max_fail 和 Ir。Ir 是网络的学习参数,show 用来显示训练状态,epochs、goal、time 都是用来给出网络停止训练的条件。

(2)动量批梯度下降函数(traingdm)。动量批梯度下降函数与传统的下降算法相比,主要是通过引入动量项,即网络训练过程中每一次权值和阈值的调整量中,假如上一次权值和阈值的改变量见式6-13、式6-14,它可以有效地改善网络在训练中落入局部极小值的可能。

$$\Delta w(k+1)=(1-m_c)I_r \nabla f(w(k))+m_c(w(k)-w(k-1)) \qquad (6-13)$$

$$\Delta b(k+1)=(1-m_c)I_r \nabla f(b(k))+m_c(b(k)-b(k-1)) \qquad (6-14)$$

其中 $\nabla f(w(k))$、$\nabla f(b(k))$ 分别表示性能函数对权值和阈值的梯度,I_r 是学习速率,m_c 是动量项。

2.快速训练函数

(1)自适应修改学习率算法(traingda,traingdx)。这种训练函数的学习率在训练的过程根据误差的变化范围自己进行改变,对网络的稳定性和训练速度的提高都是有帮助的。

(2)有弹回的 BP 算法(trainrp)。它主要用于消除梯度模值对网络训练带来的影响,提高训练的速度,也就是说这种算法只考虑了梯度的符号,不考虑梯度的模值,可以避免因输入数据值过大,导致 sigmoid 型函数梯度变化很小导致的权值、阈值调整不灵活的现象的发生,当权值和阈值在训练过程中,连续向同一个方向变化时,权值的调整量就会增加,如果出现不稳定的变化时,权值的调整量就会减小。

四、BP 神经网络的仿真

通过调用函数 sim( ) 可以实现对已经训练好的 BP 神经网络的仿真。函数的调用形式为:

$$Y=sim(net,P)$$

net 就表示已经训练成功的 BP 神经网络,P 表示输入向量或者矩阵,Y 表示仿真后网络的输出值。

第七章
建筑施工安全评价模型分析及其适用性

第一节 改进的 BP 神经网络模型

改进 BP 神经网络的方法非常多,随着应用的深入,新的方法也在不断产生,但是无论多少种变化形式,其基本思想、基本结构和运行模式并没有改变,都是具有智能性的模型,之所以有这么多的改进形式,目的就是为了改善模型的性能,提高其应用价值,使其在实际应用中更加具有适应性。在这么多的改进方法中,引入动量因子的方法是尤其著名的一种,本书所应用的也正是这种方法。

图 7-1 所表示的是一个非常典型的神经网络结构。从图形中就可以看出它的运行模式,信息经过左边的节点输入,经过中间层的两次处理,结果从右端输出。从图形的结构来看,每一层的节点之间是相互独立的,每一个节点和相邻层的任何一个节点都有着一定的联系。仅仅是信息从右端输出是不够的,该模型其中一个很重要的功能便是建立一种精确的映射关系,这主要是依靠改进模型中误差的逆向传播,因此,可以说信息的正向传递使得输入数据经过网络的运行变成输出结果,权值的逆向调节使得输出的结果不断地接近于真实情况,正是在这种不断往复的循环过程中建立起映射关系。

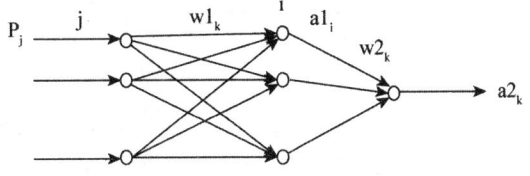

图 7-1 BP 神经网络模型结构

除了以上对 BP 神经网络的直观理解方式,为了更加严格地说明 BP 神经网络是如何运行的,下面就通过数学语言来进行描述。对于 q 个输入学习样本:$P_1,P_2,...P_q$,已知其对应的输出样本为 $T_1,T_2...T_q$。BP 神经网络在给定初始权值之后的实际输出向量 $A_1,A_2...A_q$ 一般情况下与 $T_1,T_2...T_q$ 是不一样的。如果一样的话,神经网络就恰好完成了映射过程;如果不一样的话,定义向量 $A_1,A_2...A_q$ 和 $T_1,T_2...T_q$ 的欧氏距离为其误差,然后误差逆向传播修改神经网络各个连接的权值,使下一次的 $A_1,A_2...A_q$ 和 $T_1,T_2...T_q$ 的误差减小,直到误差不能够再减小或者满足了使用要求为止。与改进 BP 神经网络不同的是,当误差无法再减小,甚至误差增大时,网络训练依然不停止,直到找到全局最小值并满足使用要求后停止。

一、信息的正向传递

在信息的正向传递中,BP 神经网络同改进后的 BP 神经网络算法是一样的。

(1)中间层中第 i 个节点的输出:

$$a1_i = f_1(\sum_{j=4}^{r} w1_{ij}p_j + b1_j)(1,2,...,r) \tag{7-1}$$

(2)系统最后一层第 k 个节点的输出:

$$a2_k = f_1(\sum_{i=1}^{s1} w2_{kj}a1_i + b2_k)(1,2,K,s1) \tag{7-2}$$

(3)误差采用距离公式:

$$E(W,B) = \frac{1}{2}\sum_{k=1}^{s2}(t_k - a2_k)^2 \tag{7-3}$$

二、权值变化及误差的反向传播

(1)系统最后一层权值变化:

$$Vw2_{kj} = -\eta \frac{\partial E}{\partial w2_{ki}} = -\eta \frac{\partial E}{\partial a2_k} \times \frac{\partial a2_k}{\partial w2_{kj}} = \eta(t_k - a2_k)f2' \times a1_i = \eta_{kj}a1_i \tag{7-4}$$

其中,

$$\delta_{ki} = (t_k - a2_k)f2' = e_k f2'$$
$$e_k = t_k - a2_k$$

同理可得:

$$\Delta b2_{ki} = -\eta \frac{\partial E}{\partial b2_{ki}} = -\eta \frac{\partial E}{\partial a2_k} \times \frac{\partial a2_k}{\partial b2_{ki}} = \eta(t_k - a2_k)f2' = \eta\delta_{ki} \tag{7-5}$$

(2)中间层权值变化:

$$Vw1_{ij} = -\eta \frac{\partial E}{\partial w1_{ij}} = -\eta \frac{\partial E}{\partial a2_k} \times \frac{\partial a2_k}{\partial a1_i} \times \frac{\partial a1_i}{\partial w1_{ij}}$$

$$= \eta \sum_{}^{s2}(t_k - a2_k)f2' \times w2_{ki} \times f1' \times p_j = \eta\delta_{ki}p_j \tag{7-6}$$

其中,

$$\delta_{ij} = e_i f1', ei = \sum_{k=1}^{s2} \delta_{ki} w2_{ki}, \delta_{ki} = e_k f2', e_k = e_k - a2_k$$

同理可得:

$$\Delta b1_i = \eta_{ij}$$

从以上公式可以看出,神经网络的训练是十分烦琐的,而且在误差逆向传播的过程中,有时需要计算上千遍甚至上万遍才可以得到想要的结果,因此不可能用手工实现,但是在MATLAB 软件的工具箱中,提供了具体的函数,直接调用便可得出结果,这给我们带来了极大的方便。在计算机的帮助下,尤其是一些数学软件的出现,使得 BP 神经网络这种数学模型在现实中的应用得以实现,但是随之而来的一些问题也给研究人员带来了难题,这就是 BP 神经网络一般需要比较大的学习速率,但是这时网络的稳定性很差,反之训练的时间就会比较长,而且在网络训练时很容易就陷入局部最小的境地。针对 BP 神经网络出现的种种问题,随着应用的深入,很多人提出了各式各样的改进方法,在众多方法之中引入动量的方法以其独特的优点和在现实中的实用性而著称。引入动量因子的 BP 神经网络在误差的反向传播时不同于一般形式下的 BP 神经网络,其权值变化具体的计算公式如下:

$$\Delta w_{ij}(k+1) = (1-mc)\eta\delta_i p_j + mc\Delta w_{ij}(k) \tag{7-7}$$

$$\Delta b_i(k+1) = (1-mc)\eta\delta_i + mc\Delta b_i(k) \tag{7-8}$$

其中,k 为训练次数;mc 为动量因子。

从以上两个提出的权值变化公式(7-7)和(7-8)可以看出,当 mc=0 时,改进后模型的权值变化就和普通模型的权值变化情况一样;当 mc=1 时,改进后的评价模型的权值变化不按照一般评价模型的权值变化进行,而是按照一般模型前一次的权值变化进行。

引入动量因子的 BP 神经网络在选择权值变化时的原则是,当权值的变化引起输出值的变化太大时,则该权值就不会被神经网络使用。如何度量权值变化引起输出值的变化十分关键,一般使用误差变化率这个指标来进行判断。根据经验,一般情况下当误差变化率不超过 1.04 时,认为没有引起输出值太大的变化,此时采用新的权值;如果误差变化率超过了 1.04,就不采用新的权值。

训练程序中对采用动量法的判断条件为:

当 $SSE(k)>1.04\times SSE(k-1)$ 时,$mc=0$

当 $SSE(k)<SSE(k-1)$ 时,$mc=0.95$

其他,$mc=mc$

可以看出,在进行一次循环运算中,改进后模型的计算量都十分巨大,在现实的应用过程中,往往需要几千次甚至上万次的往复运算才能够找到收敛的神经网络。所幸的是,在计算机软件迅猛发展的过程中,只需要在 MATLAB 工具箱中调用 traingdm 函数即可,这就使改进神经网络应用在实际问题中具有了现实的可操作性。

三、误差反向传播的流程

误差反向传播的流程主要包括以下几个步骤:第一步,计算训练样本的目标结果和输出结果 e_k;第二步,计算 $f2'$ 并且乘以 e_k 来求得 δ_{ki},此时求得的结果是隐含层权值的变化量 $\Delta w1_{ij}$;第三步,计算 $e_k \sum\limits_{k=1}^{s2} \delta_{ki} w2_{ki}$,并且将误差 e_i 与 $f1'$ 导数相乘求得 δ_{ij},以此求出输入层权值的变化量 $w1_{ij}$。以上说的是有三个层次是神经网络,如果多于个三层次的话,按照上面的步骤一步步地进行反推即可。从上面可以看出,除了需要训练样本的目标结果和输出结果的误差 e_k 之外,还需要知道各个层次的激活函数的导函数,因此,对于 BP 神经网络而言,激活函数一定是要求连续可微的。一般常用的激活函数的导数如下:

对于对数 S 型激活函数 $f(n) = \dfrac{1}{1+e^{-n}}$,其导数为: $f(n)' = f(n)[1-f(n)]$

对于线性函数 $f(n) = n$,其导数为: $f(n)' = n' = 1$

第二节　改进后模型对于施工安全评价的适用性

(1)具有很强的非线性描述能力和自适应、自组织、自学习能力。改进后的模型依然保留了对任何非线性函数关系的描述能力。建筑施工安全评价所用到的输入指标和输出指标之间是一种很复杂的非线性关系,因此用一般的数学模型不可能去描述这种关系,无法建立指标体系内部的映射就谈不上进行安全评价。正是利用改进后的 BP 神经网络模型可以不通过解析式的方式就能够描述复杂非线性关系的特点,建立起安全指标输入向量和输出向量之间的映射关系,构造出以神经网络为基础的函数关系,并使用构造出的网络结构对目前的在建项目进行安全评价,从而丰富模型本身,并且在实践中不断得到应用和检验。改进后的模型依然具有智能性,在对新的施工项目进行评价的时候,能够从新的项目中进行"学习",不断地更新系统内在的"知识",丰富评价模型自身的"经验",所以改进模型依然是一种人工智能的评价工具。在进行建筑施工安全评价的时候,随着评价次数的增多,神经网络的评价能力也就不断增强,这种能力的增强也提高了模型对于施工现场安全评价的准确性和可靠性。

(2)提高了评价结果的可靠性。在训练 BP 神经网络的时候,给定一组各个连接的初始值,按照一定的方法进行运算,其最终的网络权值就被确定。而随着给定初始值的不同,模型的最终结果也不同,因此,运用训练好的神经网络进行建筑施工安全评价,其结果一般也是不相同的。如果随着初始权值的不同,评价结果差距过大的话,则此时就说明网络是不稳

第七章 建筑施工安全评价模型分析及其适用性

定的;如果在实际运用中的结果差距比较小,则该网络就比较稳定。网络模型在应用中稳定性和学习速率的选择始终是一对无法解决的矛盾。如果想保证稳定性,就必须选择比较小的学习速率,此时引起的结果是,神经网络的稳定性提高了,但是小的学习速率导致在满足误差要求的情况下学习次数和时间的延长,甚至无法达到误差要求;如果提高了学习速率,则神经网络的稳定性又不能够保证。但是引入动量因子的 BP 神经网络可以加快收敛速度,也就是说在相同的学习速率下,想要满足误差要求,引入动量因子后的学习次数会明显减少,这时选择一个比较小的学习速率,就可以既满足收敛要求,又满足稳定性的要求。因此,引入动量因子的 BP 神经网络可以提高神经网络的稳定性,使施工安全评价结果的可靠性增加。

下面就通过实例来说明改进后的 BP 神经网络的这种特点。

训练样本输入:

P = [0.78 0.75 0.83 0.98 0.88 0.94 0.85 0.84 0.76 0.83;0.78 0.78 083 0.98 0.88 0.98 0.88 0.82 0.73 0.82;0.78 0.78 0.83 0.97 0.88 0.86 0.73 0.82 0.73 0.82;0.70 0.90 0.84 0.97 0.90 0.98 0.77 0.85 0.75 0.84;0.79 0.77 0.85 0.96 0.89 0.94 0.78 0.83 0.74 0.83]

训练样本输出:

T = [0.84 0.97 0.98 0.97 0.94 0.96 0.84 0.90 0.88 0.90;0.870.91 0.96 0.94 0.92 0.88 0.87 0.94 0.90 0.91;0.79 0.87 0.95 0.95 0.87 0.94 0.93 0.88 0.83 0.89;0.77 0.89 0.97 0.91 0.88 0.86 0.85 0.89 0.85 0.87]

运用一般 BP 神经网络进行训练,使用 MATLAB 做出的结果:

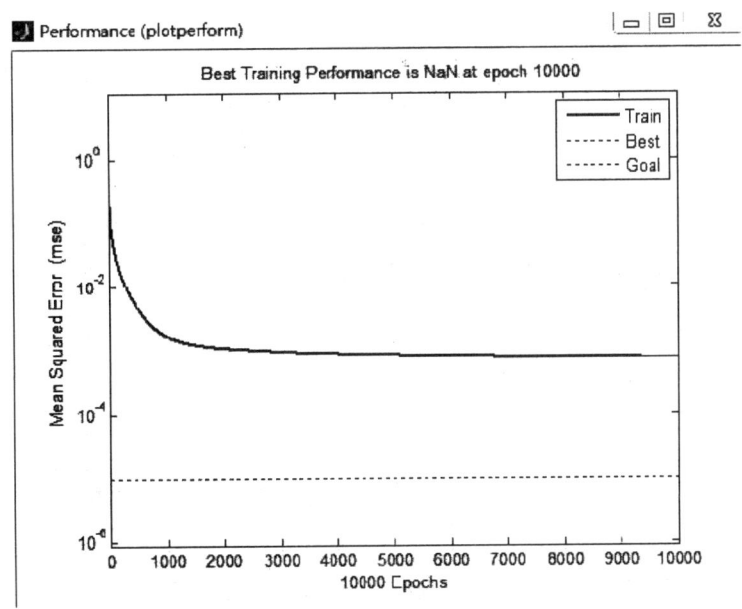

图 7-2 一般神经网络训练的均方差曲线

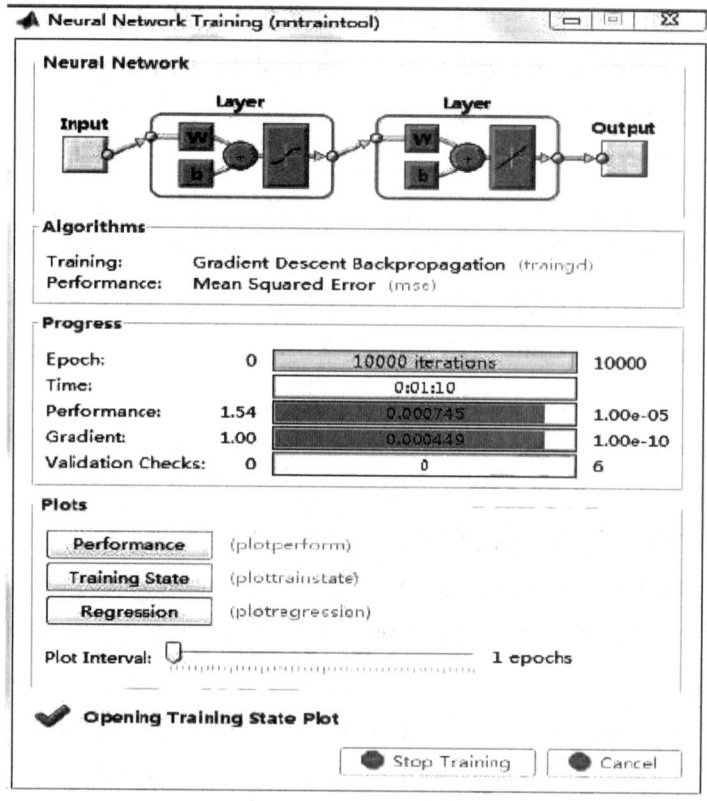

图 7-3　一般神经网络的训练

引入动量因子后，使用 MATLAB 对网络进行训练的结果输出：

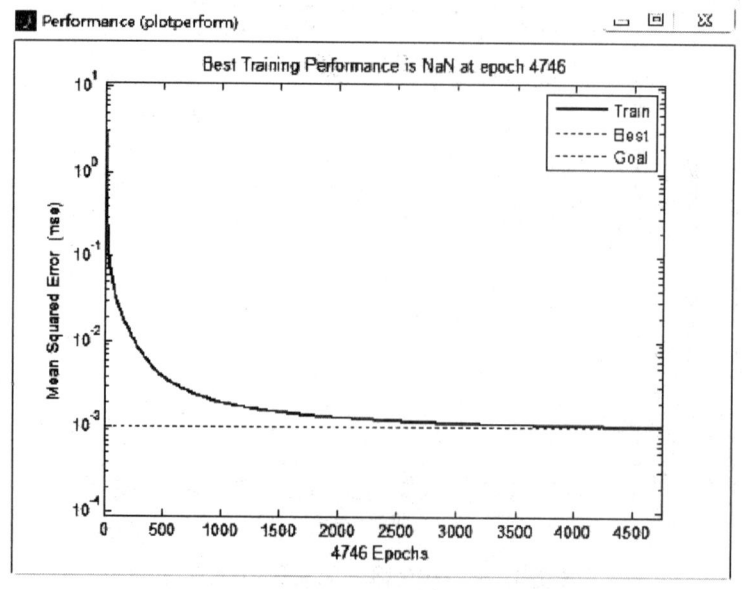

图 7-4　引入动量因子的神经网络训练均方差曲线

第七章 建筑施工安全评价模型分析及其适用性

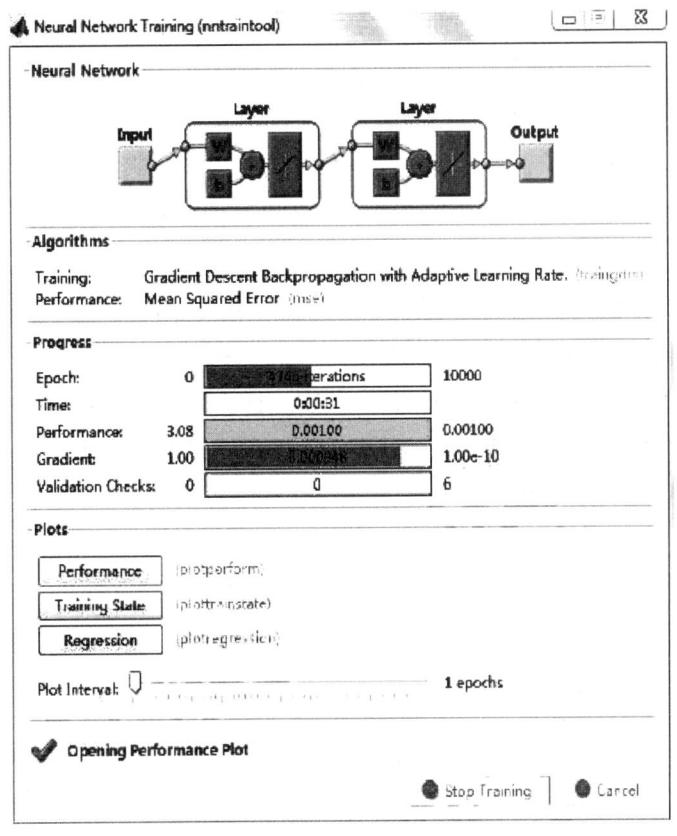

图 7-5 引入动量因子神经网络的训练

通过图 7-2 和图 7-4 的比较可知,引入动量因子后误差下降的速度明显加快。图 7-4 说明在进行第 4746 次训练的时候,误差已经满足网络设计要求;从图 7-2 可以看出,一般模型均方差曲线在开始的阶段下降得比较快,大约在 500 次循环计算之后均方差数值的变化率不断减少,趋于平缓,直到训练了程序设置的最大训练次数 10000,依然没有达到网络的目标。引入动量因子后对于 BP 神经网络产生的这种能较快满足误差要求,减少训练次数的效果,对于建筑施工安全评价具有十分重要的意义。第一,能够使之满足误差最小值的要求,使其收敛;第二,这种较少的计算次数,可以适当减小其学习效率,增加模型结果的稳定性。

(3)保障了评价结果的精确性。在高等数学上我们已经知道,可以通过求极值的方法来寻找最值,但是极值未必就是最值。大量的实践研究表明,BP 神经网络这种智能模型在寻找误差最小值的过程中,按照其运算方法,很自然找到的是临近的而非全局的最小值,这是由该模型误差回传的计算方式所决定的,因此很难避免这种情况的发生。在使用该改进模型对建筑施工安全评价的训练样本进行训练时,如果不小心使模型陷入此种境地,那么此时网络的误差就会变大,这会对安全评价的结果造成影响,影响了评价结果的精确性。

导致 BP 神经网络这种缺陷的最根本原因还是在误差回传的过程中使用梯度下降的方

法求权值变化,试想一个凹凸不平的曲面,会有很多的极小值点,但是最小值点可能就只有一个,梯度下降法只是在一个局部寻找最小值点,而不考虑全局,显然这种方法很容易陷入局部最小。因此,在求误差变化的过程中必须从全局出发,使之能够跳出局部最小的点。在BP 神经网络中引入动量因子就会显著改善这一状况,在改变神经网络权值的时候,它不仅考虑误差在梯度方向的变化,而且能够从整个误差曲面上的变化情况进行宏观把握,能够跳出局部最小值。

为了能够更加直观地说明引入动量因子后的 BP 神经网络模型比一般形式的网络模型更加优良,我们来举例说明。对于输入向量 P = [-6.0 -6.1 -4.1 -4.05 5.0 -5.1 6.0 6.1],输出向量 T = [0 0 0.97 0.99 0.01 0.03 1.0 1.0],分别进行传统 BP 神经网络的仿真训练和引入动量因子的仿真训练,以此来验证引入动量因子后的网络模型的优势。

使用 MATLAB 运行结果如下:

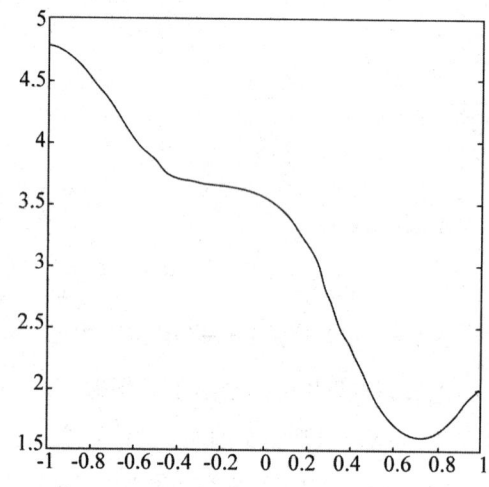

图 7-6 网络误差曲线图

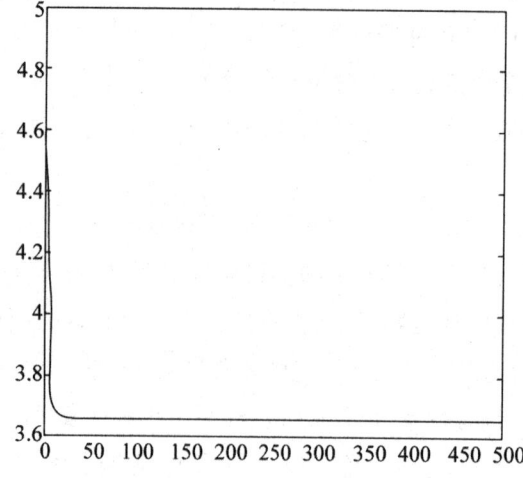

图 7-7 mc=0 时的训练误差记录

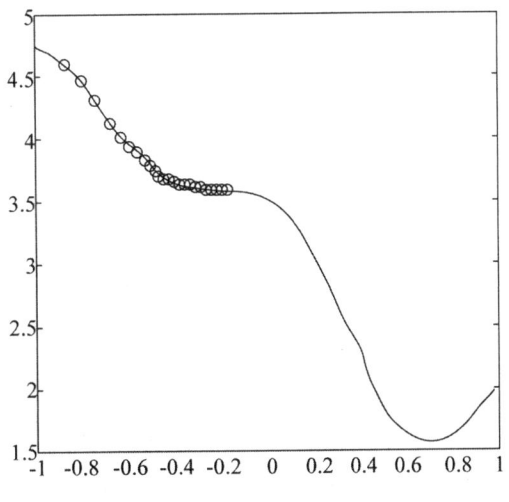

图 7-8 mc=0 时的训练记录

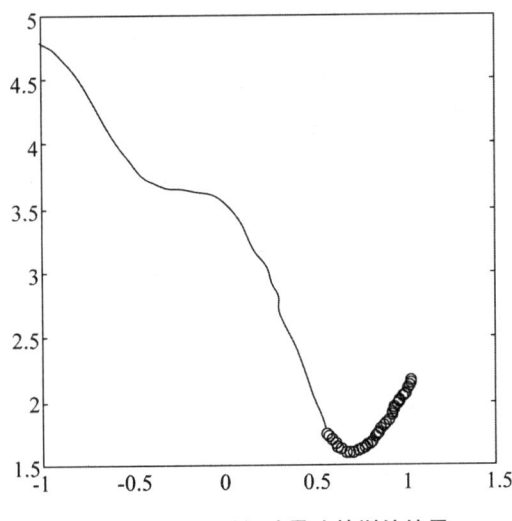

图 7-9 采用附加动量法的训练结果

误差曲线如图 7-6 所示。可以看到在误差曲面上有两个误差最小值,左边的为局部极小值,右边的为全局最小值。根据前面的分析可知,mc=0 时,此时就是一般形式的 BP 神经网络进行训练,如图 7-7,mc=0 时的训练误差记录和如图 7-8,mc=0 时的训练误差记录显示出,其误差的变化也是单调下降的,只需要在局部找到一个最小值即可。但是当动量因子不为零的时候,误差曲线能够跳过波谷,继续寻找其他的最小值。结果如图 7-9、图 7-10 所示,网络的误差首先是按照一般 BP 神经网络的方式进行,但是在遇到波谷时,在动量因子的作用下,跳出了波谷,并且最终落入全局的最小值,然后依然在动量因子的作用下,向上达到一定的高度[即产生一个 $SSE(k)>1.04\times SSE(k-1)$],发现无法跳出后,自动返回,这非常类似于一个单摆,在左右不停地摆动之后,最终停在最低点。

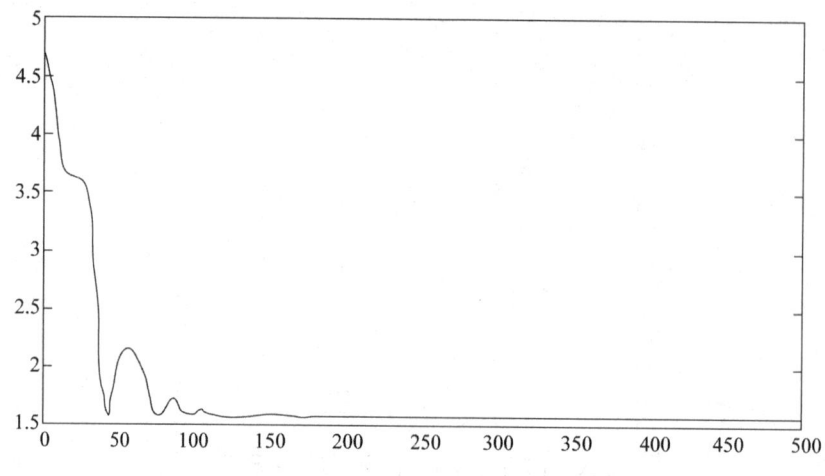

图 7-10　采用附加动量法的训练误差记录

从以上的分析可以看出,相对于传统的 BP 神经网络模型,引入动量因子之后的模型依然可以逼近任何的线性以及非线性模型,并且在网络训练的时候,加快了训练的速度,增强了网络的稳定性,避免了训练时陷入局部最小的境地。这样来说,引入动量因子的 BP 网络模型既保留了传统网络模型的优势,又克服了其缺陷。总之,改进后的 BP 神经网络作为评价模型完全适用于建筑施工安全评价,并且与一般的 BP 神经网络作为评价模型相比提高了其结果的真实性和精确度。

第八章
改进 BP 神经网络在施工安全评价中的应用

第一节 改进 BP 神经网络的应用案例一

一、施工安全评价的训练样本

一般情况下,训练样本的数量越大,训练出的神经网络"经验"越丰富,运用该神经网络得出的评价结果就越接近于真实。但是,因受制于现实情况,样本数量不可能无限大,过少则导致训练出的神经网络没有现实意义。根据长期以来使用神经网络的经验证实,一般情况下,如果样本数量大于 10 个,训练出的神经网络会有比较好的效果,具备了使用功能。此外,训练样本还应满足一致规律,如果不满足一致规律则导致训练的神经网络不具备实用性。比如,不能够拿 20 世纪 80 年代的数据训练出的神经网络,来对现在的施工现场进行安全评价。为了检验训练好的神经网络对施工现场安全状况的评价能力,会保留一些样本来做测试用,一般保留总样本数量的 10%。本书通过专家打分的方式,一共选择了如表 7-1 中金鼎文化广场等工程在内的 11 个项目的安全指标数据,其中前 10 个项目用作改进 BP 神经网络的训练,第 11 个松雷中学哈西新校区项目用作模型的测试。这 11 个项目均是近五年内的在建工程,并且评价指标的数据是由现场的安全管理人员或者工程师通过打分得出的。

表 8-1 神经网络训练样本分值

项目名称	A1	A2	A3	A4	A5	B1	B2	B3	B4
金鼎文化广场	96	97	89	89	96	90	90	92	91
富达蓝山住宅小区	97	93	90	89	97	91	90	91	92
建筑节能改造工程	86	88	87	86	94	75	75	76	78

续表

项目名称	A1	A2	A3	A4	A5	B1	B2	B3	B4
田地街棚改项目	97	96	97	95	98	98	99	98	99
新五/六道街棚改项目	96	97	96	94	98	96	95	95	96
靖宇街中华巴洛克四期	96	91	93	88	98	95	92	90	92
恒盛豪庭住宅小区	86	87	92	88	92	75	75	75	76
恒盛皇家花园住宅小区	90	94	91	90	94	88	89	75	80
松雷中学哈西新校区	89	90	83	85	92	77	75	75	77
广信新城	96	94	90	96	98	90	92	96	96
汇龙湾公馆	88	89	86	87	94	77	79	85	77

其中，输入指标：安全管理(A1)；"三宝""四口"及临边(A2)；脚手架(A3)；模板和基坑(A4)；塔吊(A5)。输出指标：高处坠落(B1)；施工坍塌(B2)；起重和机具伤害(B3)；物体打击(B4)。

二、改进 BP 神经网络结构的确定

1. 神经网络隐层数及其隐层节点的确定

由于本书所评价的向量维数较少，样本的数量也不大，因此选择一个隐层的简单的网络结构。目前可以证明，虽然只有一个隐层，但是其却可以完成所有映射，对于安全评价，这已经足够了。

目前，神经网络的中间层节点数目的确定没有统一的方法，基本是按照经验来取值的。中间层节点数目太多，会导致网络训练的时间过长；中间层节点数目太少，又会导致整个神经网络结构的容错能力下降。因此，神经网络中间层节点的确定是一个复杂的问题。可以从一个较小的中间层节点数逐一往上加，或者从一个较大的中间层节点数逐一往下减，逐一进行试验，直到一个合适的中间层节点数出现为止。但是这种得出中间层节点数的方法，工作量较大。可以通过经验公式把寻找最优中间节点数的范围缩小。根据实践经验得出，中间层节点最合适的数量与输入层节点数量的相关性最强，因此第一种缩小中间层节点数目的方法是，认为中间层最优节点数为输入层节点数的75%左右，本书的输入节点为5个，按照该经验公式，中间层节点数目为 3、4、5，此时即便是通过逐一尝试的方式，其工作量也比较小。第二种方法是经验公式法：$x = \sqrt{n+m} + a$，其中 x：中间层节点数；n：输入层节点数；m：输出层节点数；a：取 2~6。这样把 $n=5$，$m=4$ 代入，得 x 取 5~9。结合这两种经验公式，中间层节点的数目定为 5 个，即改进 BP 神经网络模型的结构为 5-5-4。

2. 改进 BP 神经网络训练函数的确定

使用引入动量的 BP 神经网络进行建筑施工安全评价，需要使用的创建函数为 newff 函

数。在使用该函数进行神经网络训练时,其调用格式为:net = newff(P,T,[S1,S2…S(N-1)],[TF1 TF2…TFN1])。

函数中 TF1 代表的含义为第 1 层的传递函数,是模型的重要组成部分,它决定了模型的运行过程,因为其在运行中需要求梯度,所以这些函数必须要求导函数存在。目前经常使用的函数如下。

(1)S 型的对数函数即 logsig 函数。

$$f(x) = \frac{1}{1 + e^{-x}}(0 < f(x) < 1)$$

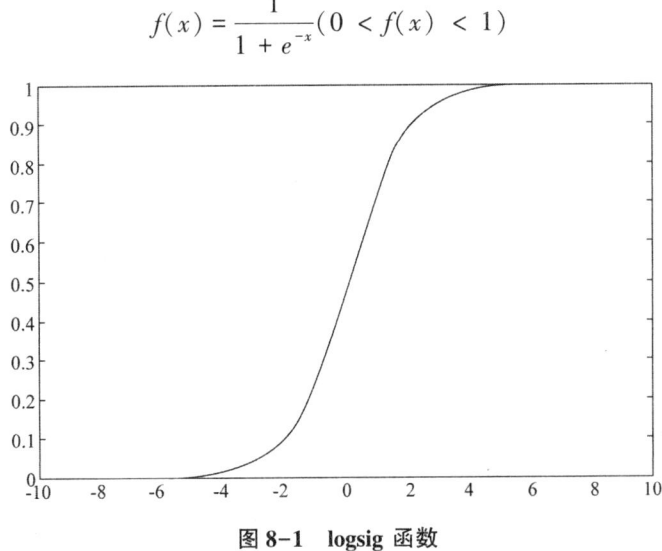

图 8-1　logsig 函数

由图 8-1 可知,logsig 函数可将全体实数上的输入向量映射到开区间(0,1)之上。

(2)tansig 函数。

$$f(x) = \frac{1}{1 + e^{-ax}} - 1 \ (-1<f(x)<1)$$

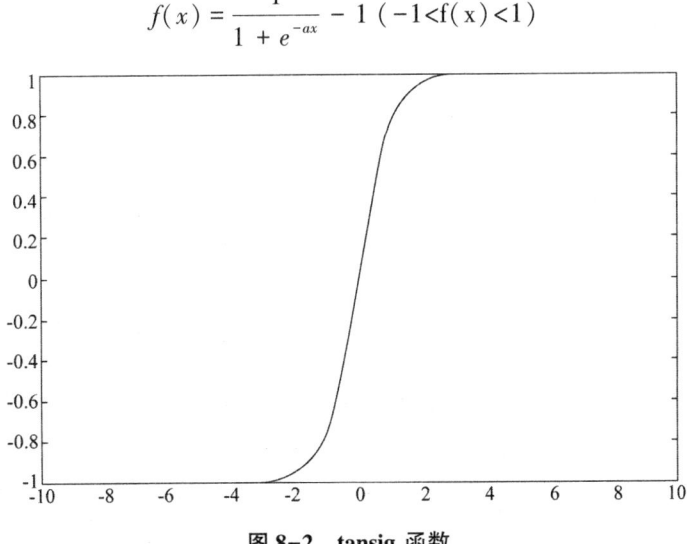

图 8-2　tansig 函数

该函数为双曲正切 S 型传递函数,所不同的是 tansig 函数是将全体实数映射到开区间 (-1,1) 上。

(3) purelin 函数。

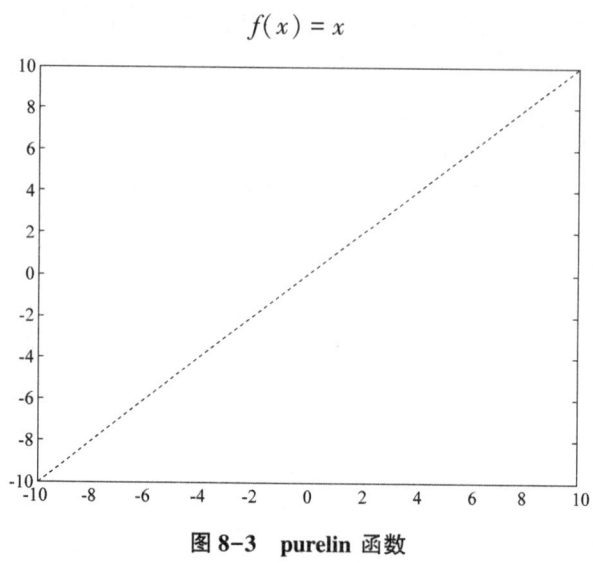

图 8-3　purelin 函数

该函数为线性传递函数,是 R→R 上的映射。

需要在模型中各个层次分别选择一个激活函数。因为作为建筑施工评价指标的输入数据都经过了归一化的处理,所以其输入指标的范围均在开区间(0,1)之间。可以看出 logsig 函数和 tansig 函数在(0,1)之间是一种近似的线性关系,并且是二阶导数小于零,呈凸性,边际增长递减。Purelin 函数数学表达式最为简单,其导数也就是边际增长为一常数。对于建筑施工安全评价而言,其特征也是符合边际效益递减的规律,对于某一个评价指标而言,当达到了一定水平之后,对于安全生产效益的增长率是递减的。因此,神经网络输入层和隐层的激活函数就在 logsig 函数和 tansig 函数之间选择。

本书在改进模型的前两个层次选用 logsig 函数,最后的输出层选择 purelin 函数。之所以输出层选择 purelin 函数,这是因为在(0,1)之间,该函数的"斜率"比其他两个函数稳定,其函数值域的取值范围是全体实数,并且选择该函数能够显著提高网络的收敛速度,减少训练的次数。其余各项均采用 MATLAB 给出的默认形式。

3.迭代次数和训练步长的设置

设置迭代次数的原因是由于 BP 神经网络在每一次误差逆向传播的过程中,修改权重后得到的神经网络并不能保证迭代结果的收敛,在用计算机进行处理时,如果永远都不收敛的话,就会陷入死循环。因此设置一个最大迭代次数,其意义是当迭代结果不收敛时,能够允许神经网络训练的最大次数。由于改进后的 BP 神经网络引入了动量因子,该方法的一个很大优点就是能够以更加快的速度逼近神经网络的输入向量。因此,改进后的 BP 神经网络结构设置迭代次数为 5000 次。此外训练步长也定为 5000。

第八章 改进 BP 神经网络在施工安全评价中的应用

4. 最小训练速率的选择

在训练 BP 神经网络的时候,其训练速率是人为设定的,但是训练速率的选择是一个非常困难的事情。因为当训练率速率选择过大时,会导致网络不稳定性增加;而如果选择过小又会导致训练次数增加,甚至导致网络无法收敛。但是本书使用的是改进的 BP 神经网络,在原有模型中引入了动量因子,第三章已经分析过,该模型能够在训练速率一定的情况下,增强网络的稳定性,因此,本书的最小训练速率尽可能取大一些的值,这样在保证稳定性的同时又减少了训练次数,该值一般取 0.05。

5. 训练误差的改进

BP 神经网络的误差减小是采用反向传播的方式。所谓反向传播算法,是指定义一个输出结果和训练样本中的理想结果的空间欧拉距离作为误差 er,然后求出满足误差极小的权向量。如果把误差函数看成是一个连续可导函数的话,则对权向量各分量的偏导为 0,这时所求得的即是误差函数的极小值。事实上,误差函数是不可导的,甚至是不连续的,所以我们需要用迭代来求最小梯度。但是神经网络的收敛和数学中的收敛既有联系又有区别,数学中定义的收敛是无限趋近,而无限在计算机处理的过程中是办不到的,因此在这里我们定义,只要输出结果和训练样本提供的理想输出结果之间的空间欧拉距离在设定的误差之内,即认为是收敛的理想结果。一般情况下,小于千分之一即认为神经网络收敛。

6. 初始权值的确定

确定初始权值是非常困难的,因为 BP 神经网络中,在训练函数、样本等其他一切条件既定的情况下,初始权值决定了神经网络最终的训练结果。对于不同的初始权值,用其训练出的神经网络一般是不相同的。对于一个比较稳定的神经网络而言,初始权值不同,虽然会导致神经网络中权值的不同,即产生不同的神经网络,但是把不同的神经网络应用在实际评价工作中,其评价结果却没有太大差别。本书在 BP 神经网络中引入动量因子,大大提高了神经网络的稳定性,即认为初始权值不同,不会影响神经网络模型在实际中的应用结果,所以可以随便赋值。在 MATLAB 软件中,软件设计人员设计了一种叫作随机发生器的程序,它能够把神经网络的初始权值随机设置为开区间 $(-0.5,0.5)$ 的实数。

表 8-2 改进 BP 神经网络参数

参数名称	设定值	属性
net.train Param.show	5000	训练步长,现实设定值之间的误差曲线
net.train Param.lr	0.05	训练速率
net.train Param.mc	0.95	动量因子
net.train Param.epochs	5000	训练次数
net.train Param.goal	1e-5 * 100	训练目标即训练误差

三、改进 BP 神经网络的训练及应用

1.数据的归一化处理

进行数据归一化,就是将用于训练神经网络的输入数据映射到[0,1]或[-1,1]区间或更小的区间,比如(a,b),其中 0<a<b<1。之所以要把输入数据在(0,1)内映射,主要有以下原因。

(1)样本数值较大。如果训练样本中的数据比较大,使用 MATLAB 进行网络训练的时候会造成训练时间过长,收敛速度变慢。实践证明,如果输入数据介于区间(0,1)之间,是最适合用来进行神经网络训练的。

(2)各指标取值范围不同。有些训练指标的取值范围会比较大,这就会造成在网络训练的时候,取值范围大的指标起主导地位,相应地就减弱了其他评价指标的能力。

(3)常用训练函数的值域影响。训练样本数据的归一化也和激活函数有关系,因为比较常用的几个激活函数其值域都是在(0,1)或者(-1,1)之间,因此需要将网络训练的目标数据映射到激活函数的值域内。例如,若模型输出层采用第一种激活函数,由于该函数的值域被严格限制在(0,1)之内,也就是说,其评价的输出结果只能够严格在开区间(0,1)之内取任意实数,所以,虽然指标采取百分制的打分方式,但是还得采取一些措施使之映射到[0,1]或者更小的区间内才行。此外,该函数在(0,1)区间以外的其他区域导数非常小,也就是边际增长率过小,会导致评价结果的区分度太小。例如,S 形函数 $f(X)$ 在参数 $a=1$ 时,$f(100)$ 与 $f(5)$ 只相差 0.0067。把输入数据映射到(0,1)之内的方法很多,因为本书所做的建筑施工安全评价,神经网络的输出结果具有实际意义,因此必须简单明了。因为本书所有评价指标均采用百分制,因此可采用以下公式:$y=x/100$。

2.使用 MATLAB 对改进 BP 神经网络的训练

MATLAB 是一个使用十分广泛的软件,在很多方面和领域都有着非常重要的应用。本书使用的是 MATLABR2010a 版本,该版本是在前年 3 月面向用户的,是目前最新的版本,具有很多新的功能。本书使用该版本软件作为模型的计算工具,使之成为一个具有评价功能的神经网络结构,并使用训练好的神经网络对建筑施工现场进行安全评价。下面是训练样本的向量:

样本的输入向量:

P=[0.96 0.97 0.86 0.97 0.96 0.96 0.86 0.90 0.89 0.96;0.97 0.93 0.88 0.96 0.97 0.91 0.87 0.94 0.90 0.94;0.89 0.90 0.87 0.97 0.96 0.93 0.92 0.91 0.83 0.90;0.89 0.89 0.86 0.95 0.94 0.88 0.88 0.90 0.85 0.96;0.96 0.97 0.94 0.98 0.98 0.98 0.92 0.94 0.92 0.98]

样本的输出向量:

T=[0.90 0.91 0.75 0.98 0.96 0.95 0.75 0.88 0.77 0.90;0.90 0.90 0.75 0.99 0.95 0.96 0.75 0.89 0.75 0.92;0.92 0.91 0.76 0.98 0.95 0.90 0.75 0.75 0.75 0.96 0.91 0.92 0.78 0.99 0.96 0.92 0.76 0.80 0.77 0.96]

第八章 改进 BP 神经网络在施工安全评价中的应用

在 MATLAB 中运行程序,训练神经网络得到如下图 8-4 所示:

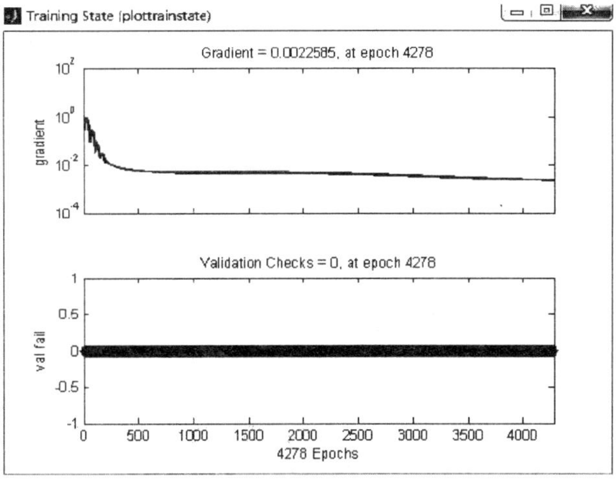

图 8-4 改进 BP 神经网络训连梯度变化差曲线

从图 8-4 中可以看出在第 4278 次训练后,神经网络满足了收敛要求。下面使用表 8-1 中第 11 个样本汇龙湾公馆来检测训练好的神经网络的性能。第 11 个样本的数据来自于对汇龙湾公馆的专家打分结果,使用 MATLAB 对训练好的神经网络进行测试,得到如下结果:

ptest = [0.88;0.89;0.86;0.87;0.94]

a = sim(net,ptest)

a = 0.7579;0.7837;0.8268;0.7701

可以看出,基本和目标输出差距不大,说明经过前十个样本训练好的神经网络的评价性能还是比较优良。

由以上结果可以看出,评价结果的范围都是在[0,1]之内的。由于本书采用的输出层激活函数是线性的,因此结果可能大于 1 或者小于 0,那么规定当输出结果大于 1 时,取 1;当小于 0 时,取 0。这样就把评价结果都限制在了[0,1]之内。

四、应用案例

凯德锦绣名苑是一栋高档住宅,其 3#楼总建筑面积为 28132m^2,地下 2 层,地上 26 层。其安全管理目标是杜绝死亡、重伤事故,一般事故频率不超过 1‰。

对该项目进行专家打分,其结果是:安全管理 89 分;"三宝""四口"及临边 88 分;脚手架 88 分;模板和基坑 87 分;塔吊 96 分。使用此具有判断功能的模型对该项目的现场安全状态进行评价,以下是运用 MATLAB 软件做出的测试结果:

ptest = [0.89;0.90;0.90;0.90;0.96]

a = sim(net,ptest)

a = 0.7941;0.8935;0.9621;0.9390

由以上结果经过回归至百分制并四舍五入后取整可知,其分值:高处坠落 88 分;施工坍塌 89 分;起重和机具伤害 96 分;物体打击 94 分。由本书第二章给出的输出变量结果意义表可知,该施工现场的安全状况整体一般,其中比较容易发生的安全事故是高处坠落,其次物体打击这一项的评分是 89.35 分,也存在一定的安全隐患。因此,该施工现场的安全管理者目前应该着重改善有可能造成高处坠落事故的危险因素,消除造成高处坠落事故的危险源。从输入结果的分值可以看出,前四个分值都比较低;如果进行横向比较的话,安全管理的分值尤其偏低,因此应重点加强安全管理。通过查看评分细则,确定问题的重点在哪个地方,然后采取有针对性的措施进行管控。此外该项目物体打击的分值比较低,说明也存在着一定的风险,这种伤害类型也应该引起现场安全管理者的足够重视。

第二节 改进 BP 神经网络的应用案例二

一、神经网络模型的建立

1. 训练样本的选择和收集

施工现场是动态的,其复杂多变的特性给安全管理工作带来了极大的挑战。要想做好施工现场的动态管理工作,及时、有效、便捷的安全评价操作体系是工作的核心,一个合适的安全评价指标体系是工作的基础。科学性、系统性、可行性、稳定性,是一个好的安全评价管理体系必须具备的基本属性。安全评价管理体系必须能适应施工现场的具体特点,达到期望的评价目标,既要全面考虑施工现场复杂的危险源因素,对所有可能发生事故的原因不能遗漏,又要能够跟随施工进度。在不同的时段内施工现场具有不同的安全特征,安全评价工作也要能够适应施工现场的不断变化,做出稳定可靠的安全评价。我国建筑施工安全管理最举足轻重的评价工具当属《59 标准》,经过 2011 年的修订完善,《59 标准》更好地适应了我国建筑业的飞速发展,评价内容完整全面,对施工现场危险源危险程度和安全状态优劣程度的要求比较明确,囊括了施工项目从开工到竣工的完整过程。同时,《59 标准》作为唯一具体应用于施工现场安全评价的行业标准,它的使用范围最广泛,认可度最高,也最具有权威性。本书所建立的神经网络模型,输入参数 $x \in R^{10 \times 1}$ 是十维向量,对应《59 标准》所列的十项安全检查项目,输出参数为现场的综合评分。本书通过专家打分的方式,邀请数名合肥市富有施工现场安全管理经验的专家针对若干处于不同施工阶段的项目施工现场依据《59 标准》进行安全评价,对十项安全检查项目进行打分并综合评估施工现场总体安全状况,给出评价总分。共得到训练样本十份,即为前文表 2.5 所列数据。神经网络的有效学习训练十分依赖优秀的学习样本,样本越多,样本质量越高,神经网络所能学到的专家经验就越多,网络结构相应也会越稳定,做出的安全评价也越真实、可靠。

第八章 改进 BP 神经网络在施工安全评价中的应用

2.选取网络参数

根据上一章的介绍,本书所采用的神经网络为带有动量因子的三层 BP 神经网络。创建函数为 newff 函数,各层神经元模型的激活函数都为 logsig 函数,性能函数为默认值,即 mse 函数,训练函数为 traingdm 函数。设置学习速率为 0.05,动量因子为 0.95,最大训练次数为 5000 次,误差目标为 le.500。

3.确定神经元数目

神经网络层数和各层神经元数的设计对神经网络性能表现有极大的影响。根据 Kolmogorov 定理,具有一个隐含层的感知器网络结构可以精确模拟出任意连续函数。对于方波、锯齿波等不连续的信号,需要两个或多个隐含层才能取得较好的模拟效果。对于三层 BP 神经网络来说,隐含层节点数过多、过少都是不适宜的。隐层节点过少,神经网络获取样本信息的能力就差,无法充分记忆和学习样本集所含有的各种信息和规律;隐层节点过多,不利于神经网络在学习的过程中对噪声信号、干扰信号的排除,可能会出现过度拟合现象。过多的隐层节点也会增加网络训练时间,明显降低网络的训练速度。一般来说,随着隐层节点数由小逐渐增加,网络性能可以显著提高,直到寻找到一个比较合适的节点数,确定最佳的网络结构。如果神经网络的节点数不断增加,直到拥有特别大量的神经元却仍然无法获得令人满意的学习效果,我们就应当考虑增加一层隐层神经元,比如将三层网络增为四层网络,学习效果可以大大提高,而且训练时间较之于节点过多的三层网络,也可能会更短。要想快速找出能达到最佳效果的神经网络结构,可以利用一些经验公式为基础,计算出大致的节点数,再不断试算以确定最佳选择。采用以下三个试算公式进行设计:

$$m = \sqrt{n+1} + \alpha \quad (7-1)$$

$$m = \log_2 n \quad (7-2)$$

$$m = \sqrt{nl} \quad (7-3)$$

在上式中,m 为隐层节点数,n 为输入层节点数,为输出层节点数,仅为 1 至 10 间的常数。建立的安全评价神经网络系统中,n=10,I=1,取 m=4 进

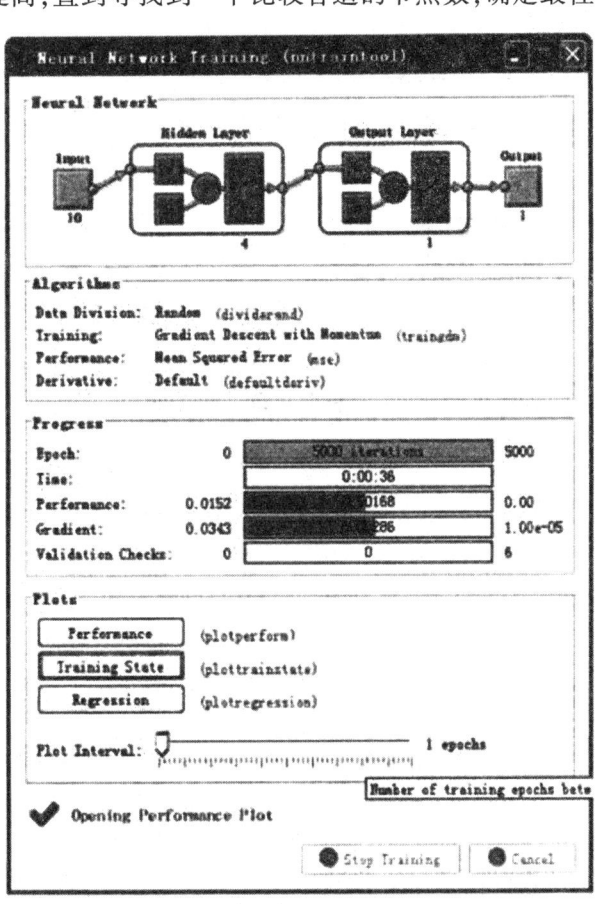

图 8-5 4×1 网络训练过程

行试算。4×1 网络结构历时 36 秒,经过 5000 步训练,仍未获得收敛,最终均方误差为 0.0168。训练过程如图 8-5 所示,均方误差如图 8-6 所示:

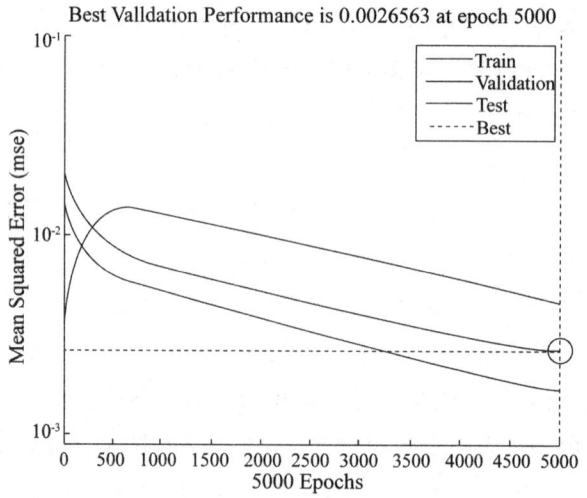

图 8-6 4×1 神经网络训练误差

样本的有效误差曲线,"Test"曲线为样本的检测误差曲线,"Best"线指示了检测误差的最小水平,表征神经网络训练的最终效果。从训练结果来看,第一组样本为[94;95;89;89;94;88;90;92;91;94],评价结果为 91 分,而根据训练结束的神经网络进行模拟,得出的评价分数为 85.7621 分,误差达 5.76%;对于第五组样本,输入向量值为[94;89;91;86;96;92;90;94;85;90],评价结果为 90 分,而根据训练结束的神经网络进行模拟,得出的评价分数为 85.4023 分,误差达 5.11%。两组数据误差均在 5% 以上,对于满分 100 分的施工现场安全评价管理系统来说,这种误差是无法接受的。我们考虑增加隐层节点数,采用 8×1 型神经网络进行训练。训练过程如图 8-7 所示,均方误差如图 8-8 所示。

从图中可以清晰看出,网络的训练效果有了显著提升。在 8×1 神经网络结构下,MATLAB 用时 37 秒完成了 5000 次训练,最终误差为 0.000261,是 4×1 型网络最终误差的五十分之一。再考察样本在该网络中的训练结果:根据训练结束的神经网络进行模拟,第一组样本目标得分 91 分,模拟评价 90.2877 分,误差为 0.78%;第四组样本目标得分 90 分,模拟评价 90.4423 分,误差为 0.749%。两组数据误差均降至 1% 以内,训练效果良好,绝对误差控制在±1 以内,在工程实践中基本可以接受。但是上图的结果还不是最理想,如果能将绝对误差控制在±0.5 以内,效果最佳。但是如果再继续增大神经元数目,不一定能获得更加理想的学习效果,以 14×1 型网络作为尝试,在算满 5000 步后,系统最终误差停留在 0.000334,表现不如 8×1 型网络理想。第一组样本模拟得分 92.2030 分,第五组样本模拟得分 92.1336 分,误差反而明显增大。其训练误差如图 8-9 所示。

要想进一步降低误差,并能提高神经网络的稳定性,避免过度拟合,可以尝试采用添加隐含层的方法。添加一层隐含神经元,可以既降低网络内的神经元总数,又提高神经网络的精

第八章 改进 BP 神经网络在施工安全评价中的应用

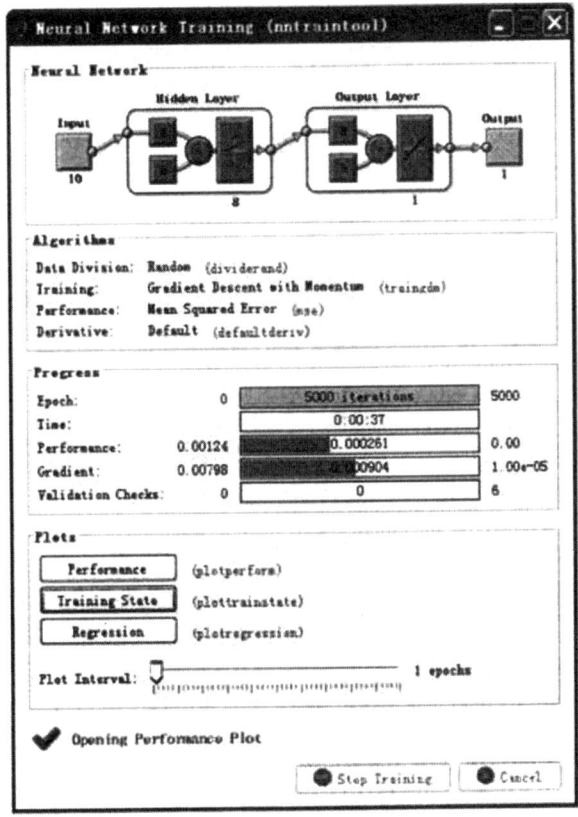

图 8-7 8×1 网络训练过程

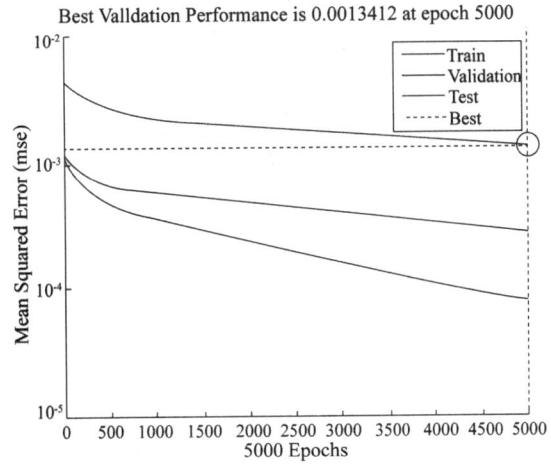

图 8-8 8×1 神经网络训练误差

度、可靠度、稳定性,避免了过度拟合。本书构建了 6×2×1 的多层神经网络结构,取得了良好的模拟效果。6×2×1 的网络结构在 MATLAB 中历时 39 秒,完成全部 5000 步训练,误差降至 4.99×10^{-5}。第一组样本 91 分的目标输出,模拟评价结果为 91.1504,误差 0.16%;第五组样本 90 分的目标输出,模拟评价结果为 89.8279,误差 0.19%。两组样本无论是训练时间、训练误差、模

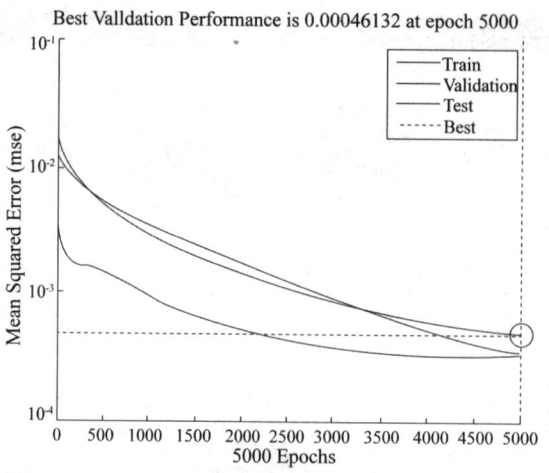

图 8-9　14×1 神经网络训练误差

拟评价结果,都令人满意。对于期望构建的神经网络安全评价体系来说,6×2×1 的网络结构表现最佳,是最适合的网络结构。该型网络的训练过程如图 8-10 所示,均方误差如图 8-11 所示。

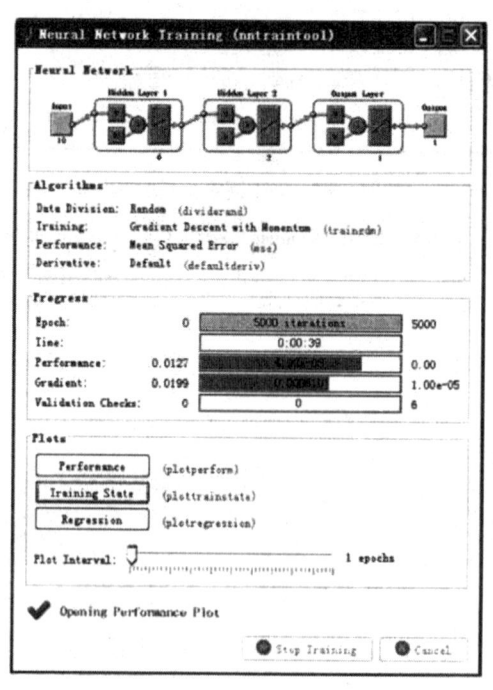

图 8-10　6×2×1 网络训练过程

二、施工现场不完整样本的处理

对于建筑业安全管理人员来说,建筑施工现场的安全状况每天都在发生变化。伴随着施工进度,结合施工项目本身具有的各种不同特点,施工现场安全状况的重点与难点总是不

第八章 改进 BP 神经网络在施工安全评价中的应用

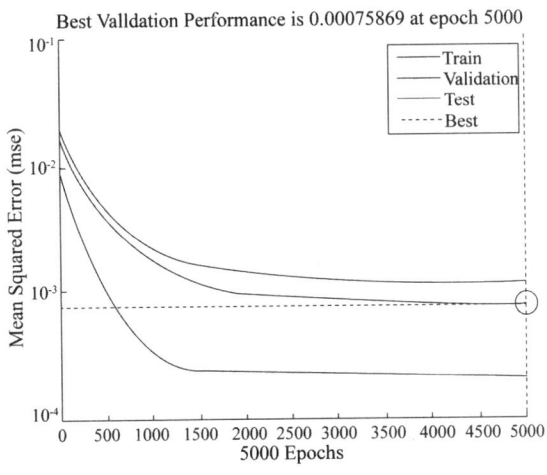

图 8-11 6×2×1 神经网络训练误差

断变化,很难把握到位。从空间上来看,各个不同的建筑工地在相同的施工阶段面临的安全问题不尽相同,比如有的建筑工地在基坑工程阶段需要处理深基坑问题;有的项目在施工现场主体结构施工阶段塔吊众多,长期群塔作业;有的施工项目建筑高度不够,或者由于施工单位为了方便作业,工地现场自始至终都不需要物料提升机和施工升降机。从时间上来看,任何一个建筑项目的施工现场都是从场地平整后的一块土地开始,历经基础施工、主体结构施工、二次结构施工、装饰装修工程等。《59 标准》所列的十项检查项目包含了施工现场的全过程,但是施工现场在进行某次安全评价的时候,大都只包含了其中的某些区块,随着施工进度这些评价项目也在变化。比如,在早期的施工中一般不会有高处作业问题,脚手架和塔式起重机也要到基础施工符合条件以后才能进场。到了施工的后期,基坑工程一般都已经结束了,就应该从评价项目中去除,不存在的项目本来也就无法评价。

对于一般的安全评价体系来说,输入参数的缺失是无法容忍的。如果我们随机补上缺失项目的打分,对最终的安全评价结果有很大的影响。普通的安全评价方法无法识别出输入参数是否有部分出错,所有的干扰信号都将进入评价算法,并对最终结果产生影响。若想完成此类动态评价,除非重新建立评价表,将这些评价项目重新分类,以达到不论施工现场怎么变化,评价项目都可以不改变的效果。比如将施工现场的安全评价项目设为:安全管理,"三宝""四口"和临边,脚手架,模板和基坑,塔吊,共五项。与直接使用《59 标准》相比,准确度必然明显下降。也有学者使用层次分析法建立安全指标,再输入神经网络构建安全评价体系,但是十几项的安全指标种类繁多,评价难度大,受工程人员水平影响大,使用起来不方便。施工现场安全评价管理体系,应该是一个方便、易操作的管理体系,既要在网络中尽可能多地消化吸收评价样本中的专家评价意见,又不能让安全管理人员在施工现场操作时太过繁琐,受自己的技术水平影响过多。

如果针对施工现场的不同阶段设计含有不同输入参数的安全评价计算方法,这显然是不合适的,也是难以操作的。不同的施工现场有着各自不同的侧重点和特征,不同的施工阶段也有着不同的施工安全状况，如果都一一设计评价，那么这个动态评价系统的概念也就没有意义了，既没有在同一施工项目的安全管理过程中实现连贯性，也无法在不同的施工项目之间借鉴推广，华而不实，无法真正帮助施工现场的安全管理工作。用神经网络的思想建立安全评价管理体系，也不可能根据每一次评价时施工现场的具体项目情况，反复制作对应的评价项目表，并大范围地请专家在不同工地予以评价，再加以训练。施工现场不可能每次评价都正好全部具备《59标准》中的十项待评价项，这种情况对建筑施工现场来说极为普遍。本书所建立的神经网络能否处理好此类问题，是对BP算法和神经网络的主要考验，而神经网络强大的容错能力就成了本书安全评价系统有效运作的基本保障。

以神经网络原理为基础的安全评价方法具有较强的容错能力，如何处理施工项目现场的安全现状与神经网络输入端十项评分的矛盾，是解决问题的关键。神经网络的训练样本是有经验的专家在不同的施工现场、面对不同的施工进度和施工状况条件下，评价打分得来的，样本数据内包含了各位专家的经验判断。神经网络必须以完整的样本集加以训练，才能有效学习样本中的判断规律，将专家的丰富经验物化到组成网络的每个神经元的每个连接权值中去。当神经网络训练完成后，再使用该网络评价现场安全状况时，被网络记住的专家经验就会发挥作用，指导神经网络做出合适的判断。对于神经网络来说，缺失的输入项必须有具体数值补入空位，不然程序无法运行。不仅是神经网络构建的安全评价体系，层次分析法、指数分析法等广泛使用的其他安全评价方法所构成的评价体系，一旦设计完成就都无法处理输入项目缺失的问题。本书利用神经网络强大的容错能力，即使在输入参数有明显偏差时也能保持网络稳定，考虑以合适的数值补入评价项目的空位，既不明显干扰评价结果，让神经网络系统辨识其误差属性，又能避免重复构建网络、重复训练以及具体训练完成的网络不可推广等问题的出现。以下考虑以0分、合格分70分、100分分别代入到神经网络的检测样本参数中去，替换缺失的评价项目，观察评价结果与原综合评价分数的误差，从而最终决定选择何种方法处理安全评价过程中的缺失项。

上一节已经将神经网络训练完毕，达到了令人满意的模拟效果。本节将以这10个样本为基础，探讨怎样补全输入样本最为合理。0分和100分为输入参数的两个极端，原本是显示工作中无法达到的极致。准备以0分或者100分代入，是因为神经网络系统对于输入样本具有强大的容错性，可以借此观察这种补全方法是否会像其他安全评价方法一样，对最终的评价结果产生不可接受的干扰；以70分为输入参数的补全方法，是考虑如果前两种补全方法不理想，产生的误差过大，那么应该如何处理，才能做到既有效降低误差，又方便操作、简单易行。70分为《59标准》中对于施工现场安全状况是否合格的分界线，以70分代替施工现场缺失项目分数是出于偏保守考虑。对于施工项目总体不合格的现场，必然存在管理较为混乱，安全隐患众多，安全防范措施不到位等现象，作为安全管理人员，应当在日常工作中就能够发现和改正这些现象，这也是施工现场安全管理者应有的职业素养。我国对于施工现场安全管理的相关法律体系已经形成，但是就相关规范具体条文来看，如《59标准》，对施工现场的安全要求并不苛刻，只

第八章 改进BP神经网络在施工安全评价中的应用

要现场的安全管理者有责任心、认真工作,达到合格条件并不困难。如果这种基本要求都无法做到,根据相关法律、规范,工地应立即停工整改。所以,以70分作为替代,补全缺失输入项,应当是可行的,也是偏安全的。下面将10个输入样本,每个样本中随机选取两项作为缺失项,输入神经网络进行评价,观察输出结果和误差大小,并加以分析。输入样本的缺失项用"*"代替,检测样本如表8-3所示。

表8-3 神经网络训练样本

样本编号	1	2	3	4	5	6	7	8	9	10
安全管理	94	95	86	96	94	80	86	*	96	80
文明施工	95	91	88	97	89	83	*	90	92	81
脚手架	*	88	87	*	91	87	87	83	90	*
基坑工程	89	*	86	95	*	*	86	85	*	80
模板支架	*	93	*	96	*	80	87	92	91	78
高处作业	88	91	75	*	92	*	85	77	93	76
施工用电	90	90	*	92	90	73	*	75	92	*
物料提升机与施工升降机	92	89	76	93	94	72	72	75	95	75
塔式起重机与起重吊装	91	*	78	95	85	76	70	*	*	72
施工机具	94	85	80	94	90	80	80	82	94	82
专家总评	91	89	78	94	90	74	85	80	92	77

令方法一为以0分代替缺失项,输入神经网络系统进行评价模拟,输出的评价分数、绝对误差、相对误差(%)如表8-4所示。

表8-4 神经网络检测结果一

样本编号	评价结果	绝对误差	相对误差(%)
1	91.248	0.2480	0.2725
2	84.8557	4.1443	4.6565
3	81.3307	3.3307	4.2701
4	96.1150	2.1150	2.2500
5	83.2103	6.7897	7.5441
6	78.5207	4.5207	6.1091
7	50.0934	4.9066	5.7725
8	78.5202	1.4798	1.8498

续表

样本编号	评价结果	绝对误差	相对误差(%)
9	87.8682	4.1318	4.4911
10	79.3111	2.3111	3.0014

评价结果显示，以 0 分代入样本后，各项检测结果的误差明显增大了，大部分样本的误差都在 5% 以内，但是也有部分样本误差过大，其中样本 5 的误差最大，专家评分 90 分，神经网络模拟评分只有 83.21 分，绝对误差达 6.79 分，相对误差 7.54%。而且这 10 个样本的检测结果中有 7 个样本的模拟评分大于目标评分，最多高出了 4.52 分，为样本 8，不符合偏安全考虑的设计初衷。这种结果证明，以 0 分代入样本的方法还有待商榷。再分别以 70 分和 100 分代入样本，输入神经网络进行模拟，并考察其输出值和误差情况。具体结果如表 8-5 所示。

表 8-5 神经网络检测结果二、结果三

样本编号	以 70 分代入			以 100 分代入		
	评价结果	绝对误差	相对误差(%)	评价结果	绝对误差	相对误差(%)
1	91.8686	0.8686	0.9545	88.3000	2.7000	2.9670
2	90.3470	1.3470	1.5135	93.4101	4.4101	4.9552
3	80.2824	2.2824	2.9262	84.6688	6.6688	8.5497
4	91.9864	2.0136	2.1421	92.7457	1.2543	1.3344
5	91.2602	1.2602	1.4002	95.8736	5.8736	6.5262
6	75.1888	1.1888	1.6065	85.8756	11.8756	16.0481
7	86.2987	1.2987	1.5279	83.5916	1.4084	1.6569
8	78.3086	1.6914	2.1143	86.5933	6.5933	8.2416
9	92.8315	0.8315	0.9038	94.9682	2.9682	3.2263
10	75.5007	1.4993	1.9471	78.7320	1.7320	2.2494

评价结果说明，以 70 分代入样本得到的结果，与原专家对实际施工现场评价的结果更为相近，其误差均不超过 3 分，对于现有少量样本训练出的安全评价网络来说已经是比较准确的结果了，误差基本都在 1 分左右。样本评分比专家评分高的，幅度也比较有限，基本都在 1 分左右，最高的是样本 3，高出了 2.28 分，总体符合偏安全考虑。而以 100 分代入样本得到的结果大都高于专家评分，误差幅度也较大，如样本 6，专家评分为 74 分，神经网络模拟评分为 85.8756 分，绝对误差超过 11 分，已经改变了该项目所处的等级水平，这种情况是不能出现的。100 分虽然和 0 分相比，距离施工现场的真实安全水平更接近，但是模拟评价的效果反而不如表 8-4

所示。分析其中原因,可能正是因为 100 分更接近施工现场的真实状况,所以神经网络在处理时并未把它当作一项误差输入对待,其较高的评价数值对最终的模拟评价结果产生了较大影响,使模拟评分普遍偏高。而且表中结果显示,总体评分越低的样本,受到的干扰越明显,等于是一个虚拟的选项帮助施工项目的安全评价拉高了总分。三种方案的误差百分比对比图如图 8-12 所示,其中方案一表示以 0 分代入,方案二表示以 70 分代入,方案三表示以 100 分代入。对比这三种方案来看,用施工现场安全评价合格线 70 分代入缺失项,对神经网络的安全评价系统造成的干扰最小,评价系统的结构最稳定,结果也包含了一定的偏安全考虑。用 70 分代入缺失项在这三种方案中应当是最合适的。

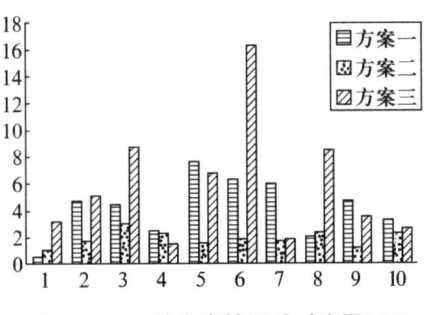

图 8-12 三种方案的误差对比图(%)

三、神经网络安全评价模型小结

为了建立简便有效的神经网络安全评价管理体系,本书采用的神经网络的思想,以改进的 BP 神经网络为技术基础,意图构建施工现场的动态安全管理评价系统。前一章成功建立了改进的 BP 神经网络,确定了建立神经网络所采用的相关函数,本章旨在建立完整的神经网络安全评价模型。安全评价的输入向量共 10 项参数,为《59 标准》的十个安全检查评分项目,网络结构采用 6×2×1 的双隐含层的网络结构,训练速度快,误差小,网络结构稳定,模拟效果好。其均方误差仅为 $4.99×10^{-5}$,训练样本的模拟评价结果,误差均未超过 0.2 分。针对如何处理不完整样本的问题,现有的安全评价理论方法普遍都无法处理不完整样本,必须以具体数值进行补全。本章设计了三种方案解决该问题,分别用 0 分、70 分、100 分代替缺失项目,补全输入参数,进行评价模拟。经过分析对比,认为采用 70 分代替缺失项目对最终的评价结果影响最小,并且可以做偏安全考虑,符合施工现场安全评价管理的要求。至此,基于 BP 神经网络的 MATLAB 施工现场安全评价体系基本建立完成,可以使用该神经网络对建筑施工现场的安全状况进行综合评价,并实现施工现场的动态安全管理。

四、应用案例

1.工程概况

下面所用工程实例为合肥鑫晟光电科技有限公司触摸屏生产线项目,利用前几章所述改进的 BP 神经网络动态安全评价管理模型对施工现场安全状况进行评价,并以施工现场安全综合评价变化图的形式予以直观表达。近年来我国建筑业在持续保持高速增长的同时面临着结构性的转型挑战,要想顺利完成从粗放型企业向集约型企业的转变,加强安全管理,建立合理有效的施工现场安全评价系统是必不可少的重要举措。因此,通过在工程实例中实际应用该动态安全评价管理体系,可以充分认识到施工现场动态安全管理的必要性和实用性,并对施工现场动态安全管理相关理论的发展起到一定的推动作用。合肥鑫晟光电科技有限公司触摸屏生产线项目由世源科技工程有限公司设计,中国建筑一局(集团)有限公司总承包,合肥工大建设监理有限责任公司负责监理工作。该工程位于合肥市新站综合开发试验区,与合肥鑫晟电子工业厂房项目配套建设,北临金龙路,东至大禹路,西接新蚌埠路,南临龙子湖路,项目占地面积 8.7 万平方米,总建筑面积约 16.25 万平方米,工程投资约 53.97 亿元人民币。该项目是国家液晶显示屏战略规划中的重要组成部分,是内地首条第 6 代 OGS 触摸屏生产线,每年可生产各种尺寸触摸屏超过 7000 万片,达产后年销售收入预计将超过 45 亿元,建成后将成为中国最大的触摸屏生产基地。

图 8-13 项目施工现场鸟瞰图

该工程项目特点总结如下。

(1)规模大,投入多。工程主体结构建筑面积 16.25 万平方米,包括独立厂房两座,地上三层,且包含一个地下室。其中一座厂房含有大面积高支模施工,属于危险性较大的分部分项工程,需进行专家论证。该项目共有 13 万方混凝土的浇筑、10 万平方米的高大模板支设、近 17 万平方米的结构施工。现场有几十家参建单位合作施工,高峰期投入施工人员达 2000 人。投入的施工机械设备种类、数量较多,其中长螺旋钻机 9 台,塔吊 12 台,汽车吊 12 台,各类小型施工机具数百台。

第八章　改进 BP 神经网络在施工安全评价中的应用

（2）工期紧，交叉作业多。建筑施工工期要求在一年内完成，各种建筑实体材料、临时周转材料交叉密集，不同专业、不同工序错综复杂，交叉作业频繁，现场安全管理任务重，危险源种类多、数量大、管控难度高，施工管理总体协调难度相当大。

（3）质量标准要求高，施工难度大，安全管理面临很大挑战。厂房核心区梁板柱混凝土要求达到清水混凝土标准，格构梁板的混凝土平整度要求标准高，施工工艺复杂，施工、检测程序多，危险源管控难度大。施工现场多处存在层高高、跨度大、协同作业设备多等现象，各类危险源表现出的危险性程度也非常高。

（4）洁净区面积大，洁净度要求高。两座厂房均为有高洁净要求的无尘厂房，一般区域洁净度要求为 1000 级，部分区域要求达 10 级。施工人员进出洁净区需经过严格的除尘措施，洁净区内施工作业有其自身的特点，危险源辨识难度大，安全管理措施实施不容易落实到位，是洁净施工安全管理面临的主要挑战。

2.项目施工过程中的动态安全评价管理

合肥鑫晟光电科技有限公司触摸屏生产线项目工程于 2013 年 7 月开工，直至 2014 年 6 月移交业主单位，历时整整一年，工期紧、任务重、施工现场复杂、安全管控难度大。笔者作为该项目监理部成员，全程参与了项目施工的安全监理工作，也有幸见证了我国新一代触摸屏技术的开花结果。在实际工作过程中，项目监理部的工作重点是质量和安全控制。监理部全体成员精诚合作，始终坚持"分清主次、适当延伸"的原则，立足基础，突出重点，抓关键环节，抓重要工序，实现质量合格，安全可控，工期和造价达到预期，在履行监理合同的同时又有效履行了法定的监理职责。安全监理是建筑施工过程中安全生产的重要保障，安全监理的负责到位是施工生产过程安全、文明、健康、有序的必要前提。特别是近几年我国的建筑领域安全事故频发，除了建筑业的露天、高空、劳动密集型等客观属性，更主要的原因还是建筑业在高速发展中存在安全法制不健全、安全管理意识不到位、安全日常教育不充分、人员安全素质不过关等问题。安全生产是一项庞大繁杂的系统工程，一丝一毫的疏忽大意都有可能造成无法挽回的损失，安全监理是走在施工现场第一线的安全管理人员，也是保障安全生产的第一道关卡。这就要求安全监理必须认真工作，时刻保持高度警觉，对上落实好项目总监布置的任务，达到业主的施工要求；对下加强现场巡查管理，教育施工人员，及时处理发现的安全隐患，竭力避免安全事故的发生，牢固树立"安全第一，以人为本"的正确理念，做到时时谨慎，事事细心，切实保障项目施工现场的安全稳定。项目施工现场安全管理的主要措施有：

（1）建立安全委员会，监理部作为主要成员领导开展相应的工作。安全委员会主要职责是：主持建立各项安全管理制度，并监督落实。审查施工单位的安全生产资质和"三类"人员的上岗资质，督促施工单位建立健全施工现场安全生产保证体系；协助审查施工单位编制的施工组织设计中的安全技术措施、专项施工方案；对施工单位的特种作业人员资格证进行审核。

（2）筹备并主持监理安全周例会，对每周安全工作进行总结评价，对下周安全工作进行布置，制定预防措施，使安全工作处于有效的持续改进状态。组织开展安全检查活动，对检查发现的安全隐患要求责任单位限期整改完成。督促检查施工单位开展经常性的安全教育活动、培训工作，检查施工单位安全生产费用计划落实情况，督促施工单位做好安全技术交底工作，检查施工单位现场制定的应急救援预案措施落实情况。

（3）坚持每天对施工现场安全生产情况进行巡视检查，监督施工单位落实各项安全措施，发现违章施工和存在安全隐患的现象，以信函、整改通知单等形式告知相关责任单位，要求施工单位及时整改，排除安全隐患，确保施工安全，并在整改期限到达时进行复查，确保施工安全。

（4）检查施工单位大型机械的合格证、检测、验收、准用手续，对手续不完备的不准投入使用。监督施工单位做好"四口""五临边"、施工用电、高处作业等危险部位的安全防护工作，并按规定设置明显的安全警示标志；对高危作业、易发生安全事故的薄弱环节，加大监督检查力度，确保万无一失。

（5）做好安全信息管理工作，按要求收集整理工程项目的全套安全管理资料，建立完整的安全管理资料体系，通过对安全管理资料的收集整理来有效提高安全管理水平。

项目监理部定期组织各家施工单位对项目现场的整体安全状况进行联合检查，监理部安全监理员每天都要对现场进行完整的巡查，确保施工现场安全可控。安全专家对施工现场的检查结果，以《59标准》的安全检查评分表形式予以表示。下面以安全专家对施工现场安全状况的检查评分情况为原始数据，利用改进的BP神经网络构建的施工现场动态安全评价管理系统，对施工现场的安全状况予以评价，考察该项目施工现场的安全状况及其动态变化过程。原始数据汇总如表8-6所示，由于篇幅所限，前文所述十项检查项目以编号1至编号10代替：安全管理（1）、文明施工（2）、脚手架（3）、基坑工程（4）、模板支架（5）、高处作业（6）、施工用电（7）、物料提升机与施工升降机（8）、塔式起重机与起重吊装（9）、施工机具（10）。

表8-6 安全检查评分汇总表

检查日期	07.11	07.25	08.08	08.22	09.05	09.19	10.03	10.17	10.31	11.14	11.28	12.21	12.26
1	80	85	90	90	89	89	98	98	94	98	98	98	98
2	84	85	92	85	80	85	95	94	94	96	94	93	93
3	*	*	*	*	*	*	90	88	85	88	90	90	90
4	85	87	83	77	83	85	95	90	82	90	90	*	*
5	*	*	*	*	*	*	*	90	85	92	90	88	92
6	90	95	90	99	90	90	90	86	90	93	90	92	90
7	75	80	80	90	74	80	80	85	88	95	95	85	88

第八章 改进 BP 神经网络在施工安全评价中的应用

续表

检查日期	07.11	07.25	08.08	08.22	09.05	09.19	10.03	10.17	10.31	11.14	11.28	12.21	12.26
8	*	*	*	*	*	*	*	*	*	*	*	*	*
9	76	78	85	85	80	80	90	86	87	90	92	87	92
10	83	87	80	95	77	87	95	95	90	91	95	92	87

上表中"*"表示该项在安全评价时缺失。该项目施工过程中未涉及物料提升机和施工升降机,二三层物料采用塔吊和汽车吊吊运,人员上下高处搭设了专用安全通道。施工前期无脚手架和模板支架项目,高处作业项目在前期主要是在配套设施及生活区等建设过程中出现。施工中后期出现了脚手架和高处作业的状况,同时基坑工程施工完毕,该项随后呈缺失状态。以 70 分代替缺失项代入上表,将表中数据输入训练完成的 MATLAB 安全评价程序,即可立即获得现场的总体安全状况评分。计算结果如表 8-7 所示,施工现场总体安全状况动态变化如图 8-14 所示。

表 8-7 总体安全状况评分表

检查日期	07.11	07.25	08.08	08.22	09.05	09.19	10.03	10.17	10.31	11.14	11.28	12.21	12.26
评价分数	80.82	83.92	84.49	79.21	80.11	84.97	91.82	89.49	88.03	92.53	91.51	89.55	90.39

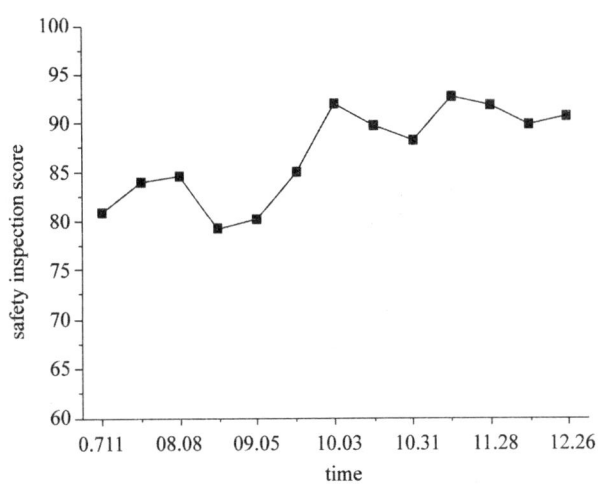

图 8-14 项目施工现场安全状况动态图

3.评价结果与分析

图 8-14 清晰展示了项目施工现场安全状况的变化情况,总体态势良好,基本都在 80 分以上,达到优良的标准。前期施工状况较好,从 80.82 分一直提高到 84.49 分,这段时间是施工的初期,主要是桩基施工和配套设施、生活区等施工,交叉作业少,施工工种单一,危险源

有限、较易辨识,施工总体状况良好,在各方共同努力下,施工现场的安全状况稳步提升。8月22日的评价结果只有79.21分,较前段时间存在明显下降。这段时间主要是因为基础施工逐渐进入尾声,深基坑施工部分逐渐进入关键阶段,其他部分的打桩作业均陆续完成,开始准备进行主体结构施工。桩基施工单位开始撤场,主体结构施工单位进场,这段时间人员、机械流动大,现场状况复杂,交叉作业多,危险源增多、辨识困难程度增加,新进场人员安全素质参差不齐,不利于施工现场的安全管理。所以施工现场的安全状况出现了较为明显的下降。但是随后,随着工序交接、施工单位人员和设备的进出场完成,施工现场安全状况趋于稳定,同时监理部也加强了现场的安全监理,督促施工单位加强安全管理工作,新进场施工单位的安全制度随之建立实施,新进场工人的安全教育日益加强,项目施工现场的安全状况也日渐好转。10月3日,施工现场安全状况的模拟评价分数达到了91.82分,也是首次超过了90分,此后一直在90分左右徘徊,施工现场的总体安全状况比较稳定。安全评价分数的波动基本上都与施工工序的交接、现场状况的变化、新的施工单位进场等因素相对应,这也表现出MATLAB神经网络经过良好训练以后所具有的准确判断能力,从而使施工项目现场的安全管理人员可以在它的帮助下对施工现场做出更加准确的安全评价,实时掌握现场安全状况,使施工安全管理工作有的放矢,更好地提升管理效率,提高现场安全水平。

第三节 改进BP神经网络的应用案例三

一、高层建筑施工安全评价的训练样本

不难理解,给予神经网络越多的训练样本,训练出来的网络就会具备更丰富的知识,更加准确,更加科学,用这样的网络模型来对高层建筑施工进行安全评价就越接近客观情况。然而,因受到实际情况的制约,样本的数量不能无穷大,但是样本数量过少又导致训练出的网络缺乏实际意义。当然样本数量越多越好,按照长时间应用神经网络的经验证明,样本的取得非常不容易,但是一般情况10个或10个以上的样本数量已经非常可观了,满足神经网络模型的训练要求是不成问题的,训练出的神经网络评价效果也是很不错的。样本也是有选择性的,不是所有的样本都可以拿来训练神经网络模型。一致性是选择收集样本最基本的要求,样本是否具有一致性直接决定着训练出的神经网络的实用性。何为一致性,下面举个例子来说明。用20世纪70年代的数据训练出的神经网络对现在施工现场进行安全评价,这显然违反了样本的一致性。正确的做法是,用现在的样本数据训练网络模型对现在的施工现场进行评价。

第八章 改进BP神经网络在施工安全评价中的应用

下面用专家打分的办法,收集了11个高层建筑工程项目的安全指标数据,其中1-10个样本指标数据用来训练神经网络,第11个样本指标数据用来检验训练好的神经网络评价施工现场安全状况的能力。这11个项目均是近五年内的工程,表8-8为11个样本的基本概况。

表8-8 样本工程项目概况

序号	项目名称	高度	结构类型
1	盘锦某项目	238m	框架剪力墙
2	大连东港+某项目	174m	框架剪力墙
3	长春某大厦	150m	框架剪力墙
4	沈阳某酒店	275m	框架剪力墙
5	厦门某大厦	299.5m	框架剪力墙
6	苏州某项目	190m	框架剪力墙
7	安徽某商务中心	300m	框架剪力墙
8	河南某项目	388m	钢结构
9	广州某项目	610m	钢结构
10	西安某项目	270m	框架筒体
11	大连某写字楼	518m	框架剪力墙

1.输入指标

输入指标选择人、材料、机械设备、技术、环境、管理等6项因素。这样选择是因为这6项因素构成一个完整的系统,彼此相辅相成,最能完整地描述高层建筑施工现场的情况。这6项因素分别包含着不同的指标,在第四章中确定了指标层的权重。本书邀请了我国某大型建筑施工企业的5位专家对1个项目的指标做了打分,表8-9为打分标准。每个因素的指标得分乘以各自的权重,也就是加权计算得出每个因素的分数,这个分数就是输入参数。

表8-9 输入指标打分标准

分值	标准
90~100	良好
80~89	一般
70~79	差
70以下	非常差

表 8-10 输入指标分值

项目 指标	1	2	3	4	5	6	7	8	9	10	11
U_1	89	88	91	86	89	87	89	90	90	88	89
U_2	94	82	85	79	85	94	89	87	85	88	89
U_3	81	82	81	75	72	71	75	76	72	77	78
U_4	86	85	88	89	89	91	81	87	85	91	90
U_5	91	92	86	90	85	86	80	80	88	81	72
U_6	87	87	84	88	91	84	80	80	86	86	85

表 8-10 中,输入指标:人(U_1);材料(U_2);机械设备(U_3);技术(U_4);环境(U_5);管理(U_6)。

2.输出指标

输出指标即高处坠落、物体打击、坍塌、机械伤害、起重伤害、触电伤害。此处 11 个样本都是已经完工或者接近完工的高层建筑项目,可以按照实际情况来对这六大事故发生的情况作出判断。

经过笔者深入施工企业调查寻访,发现大多数施工企业一旦出现严重的施工安全事故,第一件事就是封杀事故消息。如果事故消息不慎被媒体捕捉到,他们也会想方设法消除媒体的资料。因为一旦出现严重安全事故被社会知晓,企业遭受经济损失自不用说,还会受到有关部门的处罚,社会形象也会受到很大的影响,甚至会被当地有关部门禁止其接标。这对于本来薄利的施工企业是毁灭性的打击,所以施工企业是不会让此类安全事故的信息存在的,这也给获取输出指标数据带来了很大的难度。但是笔者通过某个渠道艰难地获得了某施工单位各个工程可知的事故信息,如表 8-11 所示。为了保护该施工单位,这里不提其具体名称。

表 8-11 某施工单位各项目人员伤亡情况

指标 项目	高处坠落 A_1	物体打击 A_2	坍塌 A_3	机械伤害 A_4	起重伤害 A_5	触电伤害 A_6
1	3 人受伤	1 人受伤	2 人受伤	1 人受伤	无伤亡	1 人受伤
2	2 人受伤	1 人死亡	2 人受伤	1 人受伤	无伤亡	1 人受伤
3	3 人受伤	1 人死亡	1 人死亡	3 人受伤	3 人受伤	3 人受伤
4	1 人受伤	2 人受伤	1 人死亡	无伤亡	无伤亡	1 人受伤

第八章 改进 BP 神经网络在施工安全评价中的应用

续表

项目\指标	高处坠落 A_1	物体打击 A_2	坍塌 A_3	机械伤害 A_4	起重伤害 A_5	触电伤害 A_6
5	1人受伤	2人受伤	1人死亡	无伤亡	无伤亡	1人受伤
6	1人受伤	1人受伤	2人死亡	无伤亡	2人受伤	1人受伤
7	1人死亡	1人死亡	3人死亡	2人死亡	1人死亡	2人受伤
8	1人受伤	2人受伤	2人死亡	1人死亡	1人死亡	1人死亡
9	1人死亡	1人死亡	2人受伤	1人死亡	1人死亡	1人死亡
10	2人受伤	1人受伤	2人受伤	无伤亡	2人受伤	无伤亡
11	1人受伤	1人死亡	3人受伤	1人死亡	2人受伤	3人受伤

表 8-11 为各样本项目各事故类型的伤亡人数。这里的数据只是笔者了解到的,不是准确数据,不能表明项目真实准确的伤亡人数,所以笔者在此基础上制定了相应的打分标准,如表 8-12 所示,并邀请到了 5 位专家根据项目实际伤亡人数和他们对项目施工安全状况的了解,给出较为贴近实际的分数,满分为 100 分,如表 8-13 所示。由于是根据实际伤亡人数和施工现场实际安全情况给出的分数,比较具有说服力和真实性。所以,以此作为输出指标。

表 8-12 输出指标打分标准

分值	标准
90~100	无人员重伤或死亡,根据实际情况酌情打分
80~89	有人员受伤,根据实际情况酌情打分
70~79	1人死亡,根据实际情况酌情打分
70以下	2人以上死亡,根据实际情况酌情打分

表 8-13 输出指标分值

项目\指标	1	2	3	4	5	6	7	8	9	10	11
A_1	83	82	80	87	89	86	78	88	78	82	85
A_2	87	79	72	82	82	99	77	82	70	86	73
A_3	84	83	70	76	72	68	58	60	64	83	80
A_4	88	88	80	93	91	95	65	77	73	91	71

续表

指标\项目	1	2	3	4	5	6	7	8	9	10	11
A_5	92	90	80	92	91	82	71	72	78	83	83
A_6	87	89	80	88	88	87	83	74	78	90	80

表 8-14 输出指标分值含义

分值	安全状态
90~100	安全状况良好
80~89	有可能发生该种安全事故
70~79	发生该种危险的概率很大
70 以下	存在很严重的安全隐患

表 8-13 中,输出指标:高处坠落(A_1);物体打击(A_2);坍塌(A_3);机械伤害(A_4);起重伤害(A_5);触电伤害(A_6)。

考虑到打分的客观与准确性,以及整个评价过程的一致性,此处选的项目样本全部来自于我国某大型建筑施工企业高层工程项目。因为不同的施工企业对自身安全性的要求、管理水平、施工水平的差异是比较大的,这样参差不齐的样本对施工企业的参考价值是很小的。考虑到这点,选择同一家施工单位的不同项目来训练样本,而且,通过训练——评价——再训练的过程不断地完善神经网络,逐渐建立企业安全评价数据库,这对施工企业安全管理水平来说具有里程碑的意义。

二、BP 神经网络结构的确定

(1)要评价的向量准数小,样本也只有 11 个,因此在确定神经网络隐层数时,选用简单的单隐层网络结构,现在能够证实,尽管只有一个隐层,但是这个仅有的隐层却能够完成全部映射,完全可以满足本书评价的需要。

目前确定神经网络的中间层节点数目还没有有效的方法,大致是靠经验取值。过多的中间层节点会造成很长时间的网络训练;过少的中间层节点又会降低整个网络结构的容错能力。所以确定神经网络中间层数是一个比较复杂的问题。从一个较小的中间层节点数逐一向上增加,或从一个较大的中间层节点数逐一向下减少,这样一个一个试验,直到出现一个适合的中间层节点数为止。然而这种取得中间层节点数的办法工作量太大。能用经验公式逐渐缩小最优中间节点数的范围,按实际操作经验可得,最适合的中间层节点数量与输入层节点数关联性最强,所以缩小节点数范围的好方法就是,中间层最优节点数一般是输入层节点数的四分之三左右。本书有 6 个输入节点,依据经验,中间层的节点数为 4、5、6,这时再用一个一个尝试的办法,工作量也不大。另一种方法为经验公式 $x = \sqrt{n+m} + a$,其中 x 表示中间节点数,n 表示输入节点数,m 表示输出节点数,a 的取值为,把 $m=6$,$x=6$ 带入公式,得 x 的取值为 5.46~9.46,取整为 6~9。将这两种经验方法结合,就能将中间层节点数目确定为 6 个,从而 BP 神经网络的结构为 6-6-6。

(2)需要使用的创建函数为 newff 函数。在使用该函数进行神经网络训练时,在 MATLAB 编程窗口输入代码:net=newff(P,T,[S1S2...S(N-1)],[TF1TF2]...TFN1)。

其中 TF1 表示第 1 层的传递函数,它是网络模型的重要组成部分,其影响着模型的运行过程,由于它在运行中必须有梯度,因此这些函数需要存在导函数。现在常使用的函数有以下几个,如表 8-15 所示。

表 8-15 传递函数

函数名称	函数式	特点
logsig	$f(x)=\dfrac{1}{1+e^{-x}}(0<f(x)<1)$	logsig 函数可将全体实数上的输入向量映射到开区间(0,1)之上
tansig	$f(x)=\dfrac{2}{1+e^{-ax}}-1(-1<f(x)<1)$	该函数是双曲正切 S 型传递函数,差异是 tansig 函数是将全体实数映射到开区间(-1,1)上
purelin	$f(x)=x$	该函数为线性传递函数,是全体实数对全体实数的映射

要在神经网络模型的输入层、隐含层、输出层分别选择一个激活函数。purelin 函数的数学表达式是最简单的,其导数是一个常数。对于高层建筑施工安全评价来说,它的特征也遵循边际效益递减规律。所以神经网络输入层和隐含层的激活函数就是 tansig 与 logsig 函数中的一个。本书在神经网络模型的输入层和隐含层选用 logsig 函数,输出层选用 purelin 函数。选择输出层用 purelin 函数的原因是,这种函数收敛速度快,其收敛速度要比其他两个函数快很多,而且它的斜率非常稳定,值域范围是全体实数,能用更少的训练次数得出比较准确的评价结果。

三、BP 神经网络的训练和应用

1.对数据进行归一化处理

数据的归一化处理,是把训练神经网络用的输入数据映射到闭区间[-1,1]或者更小的区间。为什么要将输入数据映射在开区间(0,1)上,主要有下面几个原因。

(1)样本中的数据值比较大的话,在使用 MATLAB 进行神经网络训练时会导致过长的训练时间,太慢的收敛速度。事实证明,输入数据为区间(0,1)的值,为最适合进行神经网络训练的值。

(2)各个指标取值范围不尽相同,有的指标取值范围大,有的小,这会在神经网络训练的时候导致取值范围大的指标占主导作用,减弱其他评价指标的作用。

(3)经常用到的几个训练函数值域也对此有一定影响。训练样本数据的归一化处理与激活函数也是有联系的,由于相对常用的几个激活函数值域不是(0,1)就是(-1,1),所以要把用于网络训练的目标数据映射到激活函数的值域内。有很多将输入数据映射到(0,1)内的方法,因为本书所做的高层建筑施工安全评价,BP 神经网络的输出结果具有实际意义,因此一定要简单明了。本书的评价指标都是百分制的,采用公式:$y = x/100$。

2. 使用 MATLAB 对 BP 神经网络的训练

MATLAB 作为一款即免费又功能十分强大的软件,在大学里深受大学生的喜爱。此处使用的 MATLAB 软件是 2010b 版本,它有一些新的功能。用该版本作为神经网络模型的计算工具,可以建立一个具有评价功能的神经网络,使用已经训练好的神经网络来评价高层建筑施工现场安全情况。下面是训练样本的向量:

样本的输入向量:

P = [0.89,0.88,0.91,0.86,0.89,0.87,0.89,0.90,0.90,0.88;0.94,0.82,0.85,0.79,0.85,0.94,0.89,0.87,0.85,0.88;0.81,0.82,0.81,0.75,0.72,0.71,0.75,0.76,0.72,0.77;0.86,0.85,0.88,0.89,0.89,0.91,0.81,0.87,0.85,0.91;0.91,0.92,0.86,0.90,0.85,0.86,0.80,0.80,0.88,0.81;0.87,0.87,0.84,0.88,0.91,0.84,0.80,0.80,0.86,0.86]

样本的输出向量:

T = [0.83,0.82,0.80,0.87,0.89,0.86,0.78,0.88,0.78,0.82;0.87,0.79,0.72,0.82,0.82,0.99,0.77,0.82,0.70,0.86;0.84,0.83,0.70,0.76,0.72,0.68,0.58,0.60,0.64,0.83;0.88,0.88,0.80,0.93,0.91,0.95,0.65,0.77,0.73,0.91;0.92,0.90,0.80,0.92,0.91,0.82,0.71,0.72,0.78,0.83;0.87,0.89,0.80,0.88,0.88,0.87,0.83,0.74,0.78,0.90]

打开 MATLABR2010b 的界面,在命令窗口(commandwindow)中输入"edit"进入程序编辑器(editor)界面,在这里输入程序代码如图 8-15 所示。

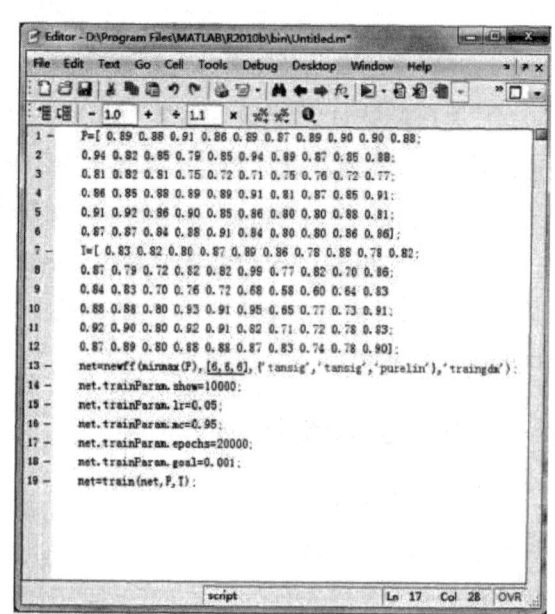

图 8-15 程序代码

点击界面正上方的调试(Debug),在下拉菜单中选择"save file and run"来保存并运行程序,可以看到神经网络开始训练了,训练完成后得到图 8-16、图 8-17 和图 8-18。

从图 8-16 与图 8-17 可以看出,经过了 7166 次训练后,神经网络达到了收敛。既然神经网络已经训练好了,那就来检验一下它的性能如何。用第 11 个样本大连某写字楼来检验

第八章　改进 BP 神经网络在施工安全评价中的应用

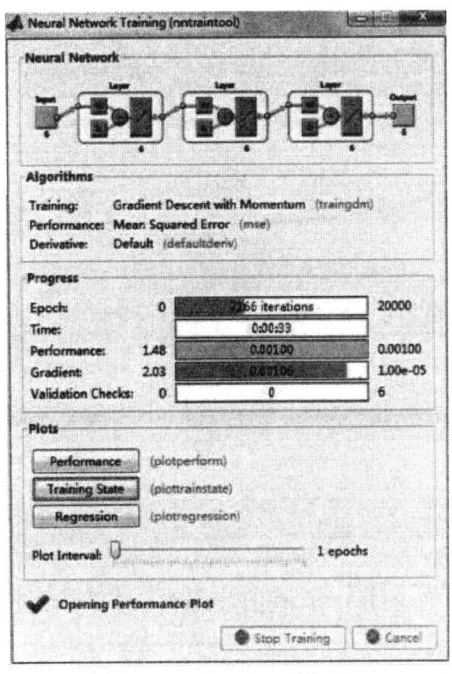

图 8-16　BP 神经网络训练

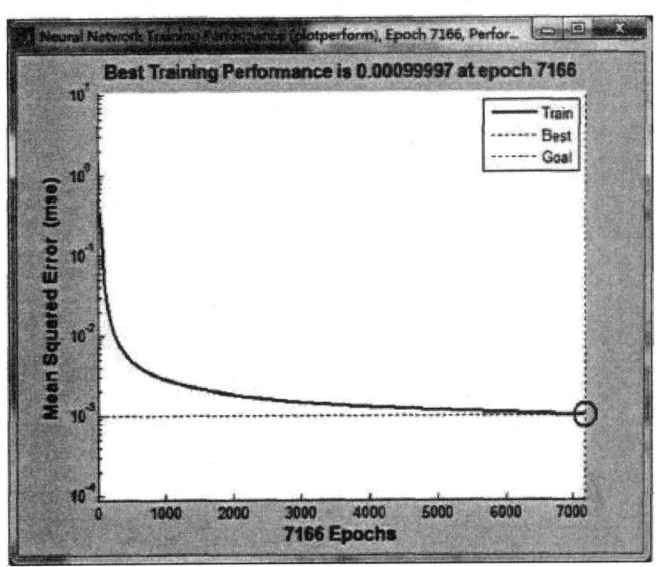

图 8-17　BP 神经网络训练均方差曲线

训练好的神经网络,继续使用 MATLABR2010b 来测试神经网络,下图 8-19 为测试的程序代码。

　　MATLAB 输出的数据为:Y = 0.8662;0.7006;0.7782;0.6905;0.8771;0.8360,转化成百分制并四舍五入取整为 87;70;78;69;88;84。由表 8-8 可知,第 11 个样本大连某写字楼的输出指标打分为 85;73;80;71;83;80。对比这两组数据能够看出差距比较小,这表明前十个样

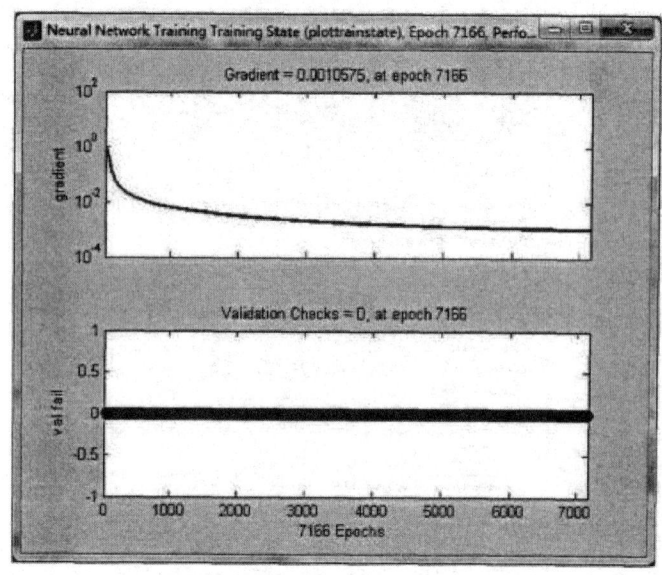

图 8-18 BP 神经网络训练梯度变化曲线

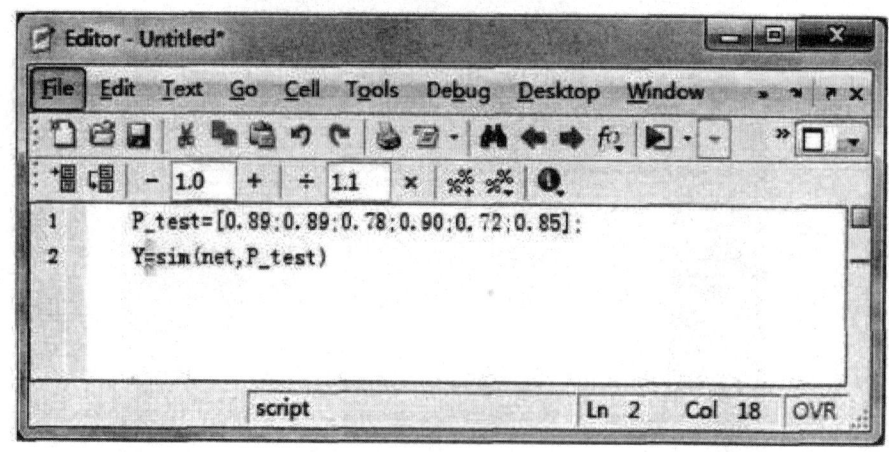

图 8-19 仿真程序代码

本训练的神经网络具有比较优良的评价性能。

四、应用案例

大连东港某酒店综合项目是大连某房地产有限公司开发的集酒店、共建式公寓、会所及餐厅于一体的综合建筑,项目位于大连市东港区人民路的东南侧,靠近港湾广场,临近建筑包括在建的高端公寓、国际会议中心及拟建的美术馆。本工程总建筑面积达 245318 平方米,包括 144716 平方米的地上建筑面积和 100602 平方米的地下室面积。本工程地下室防水等级为 2 级,防火等级为一级,结构抗震设防烈度为 7 度。图 8-20 与图 8-21 为该项目施工现场的基本情况。

其中 3 号楼为共建式公寓,地上 59 层,地下 4 层,主体高度 192.2 米,结构形式为框架剪力墙结构。该项目专家打分的结果是：人的因素为91分；材料因素为89分；机械设备因素为88分；技术因素为89分；环境因素为88分；管理因素为93分。使用训练好的BP神经网络评价该项目的施工现场安全情况，图8-22为模拟仿真程序代码。

图8-20　某酒店施工现场

图8-21　某酒店施工现场

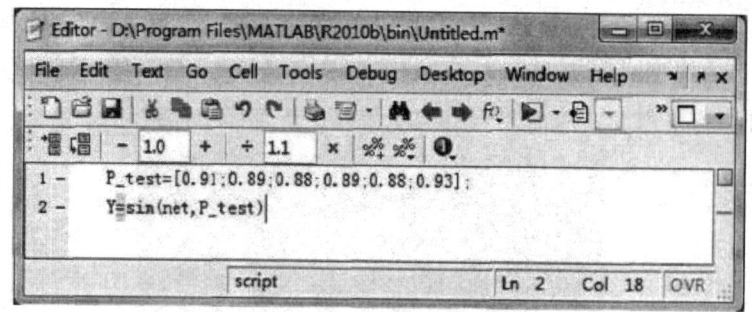

图 8-22 仿真程序代码

Y=0.8982;0.8776;0.8739;0.9945;0.9702;0.9807,将输出数据变成百分制并四舍五入取整得:高处坠落90;物体打击88;坍塌88;机械伤害99;起重伤害97;触电伤害98。根据第三章列出的输出变量结果意义表,该高层建筑施工现场的安全状况整体还是非常好的,特别是指标"高处坠落"分值达到了90分,表明发生高处坠落的可能性很小,对于一个高层建筑而言实属不易。笔者在大连该酒店的施工现场做了观察和了解,施工在高层施工安全方面确实做得不错。该施工企业使用钢平台逐层上升的施工方法,在高层建筑施工过程中形成一个封闭的作业空间,极大地保证了施工人员的安全,说明评价结果还是非常准确并反映实际情况的。此外机械伤害、起重伤害、触电伤害的分值都很高,进一步说明了该施工企业的高层建筑施工水平还是比较高的,安全管理也比较完善。但是物体打击和坍塌两项得分皆为88分,说明可能会发生这两种事故。评价结果提示现场安全管理人员,存在物体打击和坍塌的安全隐患,对这两种隐患应该予以重视,要采取措施消除可能造成物体打击和坍塌伤害的危险源。

第四节 改进 BP 神经网络的应用案例四

一、BP 神经网络模型的建立

1.BP 训练样本的选择和收集

由于场内作业环境差,存在很多不确定性因素,突发状况难以预测,不但严重阻碍了施工现场管理工作的顺利开展,而且也给安全管理人员带来相当大的挑战。本书将从现场平面规划的客观层面上,以理论研究为指导,依据指标系统的建立原则,结合评价属性,完成科学优化的施工现场平面布置。一个施工企业想要提高现场安全管理水平,必须建立一个非常完整的安全评价管理体系,稳定性、科学性、系统性、可行性是一个好的安全评价管理系统必需的基本特性。一个成熟的安全评价指标系统是管理工作的基础,一个便捷、有效、及时的安全评价操作系统是管理工作的核心。平面布置的合理与否直接影响着施工现场的安全、工期、成本，因此必须适应整个施工过程的具体特点，科学布局场地平面，达到预期的评价指标。这不仅要考虑施工现场复杂多样的风险因素，而且不能忽略事故发生的所有可能性原因，还要遵照施工进度。施工现场在不同时期具有不同的安全特性。安全管理也应能够适应施工现场的突发状况，进行安全可靠的评价。

网络设计和训练的基础为训练数据的选取，数据选取的合理性直接影响着网络设计的优劣。BP网络的网络信息储存量与分类能力有关。如N_w代表网络的信息容量，即网络的权值和阈值总值，实验证明，训练样本数P与给定的训练误差ε之间关系应满足下列公式：

$$P \approx \frac{N_w}{\varepsilon}$$

由上式可得，网络的训练样本数与信息存储量之间的匹配关系是非常合理的。训练样本如果要达到上述要求来解决实际问题是很难实现的。对于选定的样本数，网络参数过多则不能完整训练，因为缺少样本信息，而网络参数过少，则不能体现蕴藏在样本中的所有规律。所以，当实际问题提供较少的训练样本时，需设法减去样本维数，从而减少N_w。训练样本数选定以后，应进行原数据收集、处理等工作。

通过BP神经网络优化现场平面布置以后，将有几个优化解，即目标函数的要求均能从各种平面布置方案中得到满足。但在实际应用中，却仅能筛选出一个最优方案，这就需要所选择的方案不但能使目标函数达到期望值，也能体现在目标函数中充分揭示或不能量化的属性。所以本书利用MATLAB软件来实现平面布置方案的选择及评价工作。

为了提高施工安全性，现归纳总结前辈们关于现场平面布置决策体系中采用的评价属性，同时结合以往施工经验，考虑到平面布置可能出现的风险因素，总结出以下几项评价属性。

(1)便于监控。

(2)防火、防盗性能好。

(3)风险的危害率和频发率低。

(4)施工效率高。

(5)易于作业人员通行。

(6)安全性高。

(7)便于扩张。

(8)空间利用性能好。

(9)与场外交通的联系紧密性强。

(10)材料、构件的运输效率高。

从上述10项评价属性的角度出发，分别对每个方案进行赋值，并采用批处理方式进行筛选和评价，可全面考察施工现场平面布置安全情况。

2. BP神经网络的构建

ewff函数主要用于建立BP神经网络。其提取方法如下。

net = newff (minmax (pn) , [NodeNum1 , NodeNum2 , TypeNum] , { TF1TF2TF3 } , ´traingdx´) ;%网络建立 traingdm

TF1 = ´tansig´;tansing 为正切 S 型传递函数

TF2 = ´tansig´;

net.train Param.lr = 0.01;%设置学习速率

net.train Param.goal = 1e-6;%所要达到的精度

net.train Param.epochs = ;%S 设置训练次数

net.train Param.show = 50;

3.BP 神经网络传递函数

在 BP 神经网络的建立中 logsig 函数、tansig 函数和 purelin 函数均为传递函数,并起着极其重要的作用。

(1)logsig 函数。logsig 函数为 S 型的对数函数,其调用格式如下。

Info = logsig (code)

A = logsig(N)

S 型的对数函数适用于输出值区域为(-∞ +∞),映射区间为(0, +1)的神经元,此函数也是一种可适合用于 BP 网络训练的可微函数,参见图 8-23:

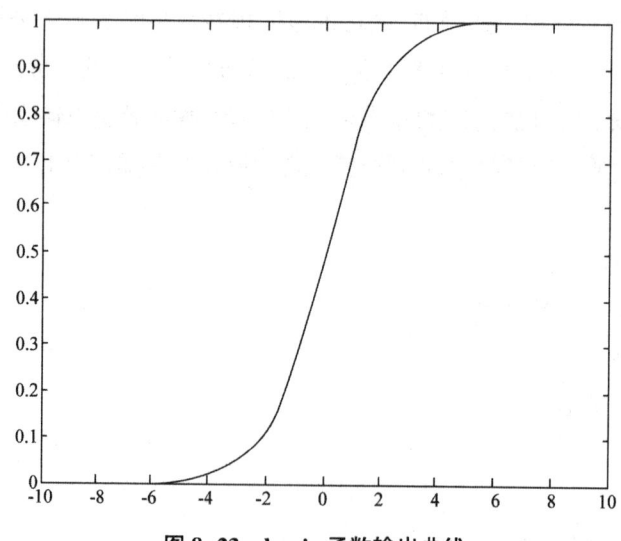

图 8-23 logsig 函数输出曲线

(2)tansig 函数。tansig 函数为 S 型正切双曲函数,调用格式如下。

Info = tansig(code)

A = tansig(N)

正切双曲传递函数适用于输出值区域为(-∞ +∞),映射区间为(-1, +1)的神经元,该函数是一种适合用于 BP 网络训练的可微函数,参见图 8-24。

(3)purelin 函数。purelin 函数是输出层神经元的线性函数,此函数经常用于 BP 算法训练的神经元的传递函数,调用格式如下。

Info = purelin(code)

A = purelin(N)

其中 N 为 N*Q 维的输出向量,此函数是从神经元输入到输出的最简单的线性函数,其参见下图 8-25。

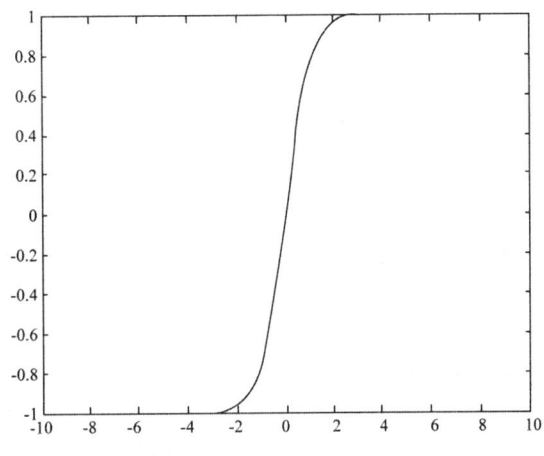

图 8-24　tansig 函数的输出曲线

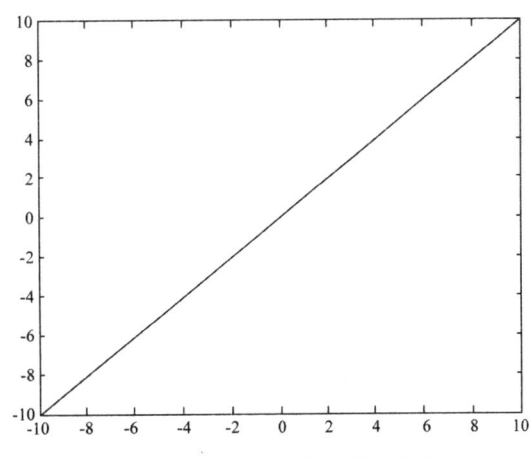

图 8-25　purelin 函数的输出曲线

4.BP 神经网络学习函数

BP 神经网络的学习函数主要分三种函数,即 learnlm 函数、learnbpm 函数和 learnbp 函数。

(1)learnlm 函数。该函数采用 levenberg-Mquardt 算法,调用格式如下。

learn(q,d)

该函数采用 levenberg-Mquardt 算法训练前馈网络,用于计算输出误差对网络层权值的求导。

(2)learnbpm 函数。该函数采用动态规划的改进的 BP 神经网络算法,其调用格式如下。

(dw,dp) = learnbpm(q,d,lr,dw,dp)

该函数可以取得权值修正矩阵,其中 dw 为隐层矢量,dp 为变换矩阵,lr 为学习速率,P 为本层的输入向量。

(3)learnBP 函数。该函数是逆向传播学习函数,其调用格式如下。

(dw,dp) = learnbp(q,d,lr)

逆向学习函数是不断调整网络的权值和阈值,这是通过在共轭下降最速方向上对网络的权值和阈值进行反复调整来取得最小平方和的网络误差,其中 lr 为学习速率。

5.BP 神经网络误差分析函数

errsurf 函数为误差分析函数,可以计算输入神经元误差曲面的平方和,以及误差曲面。其提取方法如下:

e = errsurf(p,t,wv,bv,f)

其中,传递函数为 f,相应的目标为 t 和输入行矢量为 p,权值为 wv,阈值为 bv,误差曲面是由每一个 wv 和 bv 行矢量确定的组合中计算出来的。

二、BP 神经网络的输出和输入

BP 神经网络的输出参数和输入参数都为变量,选取输入参数时应考虑与输出参数之间的特殊关系,必须选取对输出参数的检测和提取较便利,而影响却较大的输入参数。除此之外,输入参数选取的基本原则应遵循各输入参数之间联系小甚至不具有关联性。结合工程实践,把施工现场平面布置主要分成工艺分区、安全分区、环境分区和资源分区 4 个区域,并把它们作为输入参数,中间层节点数取 $2 \times n + 1 = 2 \times 4 + 1 = 9$ 个,输出值为优化程度。

将用共轭梯度法改进和优化网络。构建模型后,在对 BP 网络进行训练时就要选择相应的学习速率。学习速率是一种网络训练的重要参数,对于此网络起着至关重要的作用,它乘以当前负梯度所得到的值影响着阈值和权值的调整情况。对于一般的网络来说,学习速率是一个常数,但对 BP 网络来说,存在着不同的学习速率,这是因为需要用适合的学习速率来适应不同部位的误差曲面。在此用网络自适应法进行调整,寻找适合的学习速率。学习速率既不能过大,也不能过小,应反复对其进行调整,直到选取到适宜的学习速率。权值的调整将随着学习速率的变大而增大,导致算法也会越来越不准确;权值的调整也会随着学习速率的变小而减小,但将会导致收敛困难。BP 神经网络并不是很容易就能选取到相适应的学习速率,最适宜的学习速率一般都是 MATLAB 里的默认值。而是否继续训练直接取决于训练误差,它在网络训练中具有重要性,选取时需谨慎。图 8-26 为 BP 网络结构和训练过程。

三、应用案例

1.工程概况

毕威高速公路(即毕节至威宁高速公路),是由贵州省路桥工程集团下属分公司承包的

第八章 改进 BP 神经网络在施工安全评价中的应用

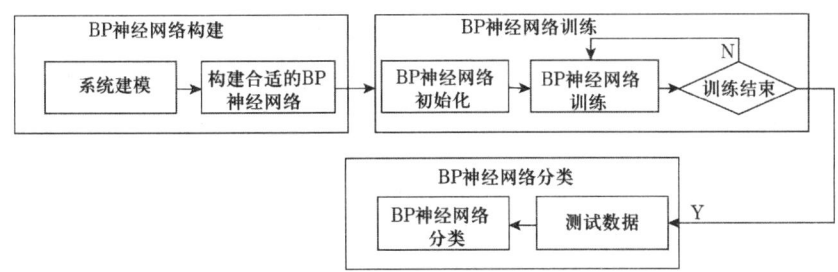

图 8-26　BP 神经网络模型图

毕威高速公路第 7 合同段。该地区位于贵州西北部矿产资源丰富的地带，地处云南贵州乌蒙山脉北段，地势西高东低，地貌复杂多样，区内由于受许多自然因素的综合控制，如地壳运动、水流、气候、岩性、构造等，气候湿润，冬季少雨，夏季多雨，年平均降水 954 毫米。区内冬无严寒，夏季凉爽，最高气温 33.8℃，最低气温 -5.6℃，年平均温度 12.8℃，年日照时数达 1391 小时，无霜期达 246 天。

毕威高速公路起点桩号为 K114+380，终点桩号为 K134+000，路线全长 19.62 千米，离水城 110 千米，离威宁 40 千米，离赫章县城 30 千米，从华毕沟、笔架山、水潮经天桥、公鸡山、旱莲花，在上院子进入希俞境。通讯光缆、高低压电线贯穿部分合同段，但干扰较小，建筑拆迁也影响不大，并不阻碍工程建设开展。段内沿线主要结构物有天桥特大桥钢筋砼连续钢结构预应力砼 T 型梁为 (4×40+200+106×2+8×40) 米、天桥隧道 1838 米、旱莲花隧道 648 米、阿维寨互通主线桥预应力空心板为 3 米×20 米、笔架山大桥预应力砼 T 型梁为 11 米×40 米、公鸡山大桥预应力砼 T 型梁为 6 米×30 米、凉水井大桥预应力砼 T 型梁为 8 米×30 米。

本合同段与省道 S212 连接，并且路线沿国道 G325 方向延伸，但与国道 G327 相距大约 9 千米，新修进场通道较为方便，段内还有许多条直接通往场地的机耕道，稍做改造便可投入使用。因此，本合同段交通运输较为便利。即便如此，仍需从其他地方购买材料，这将影响到施工成本和工期。

2.施工现场平面布置

(1)场外运输方式的布置。将场外交通有效地引入施工现场，与场内交通紧密衔接，更有利于通行。根据项目地理位置特点，运输方式分为铁路运输和公路运输。本合同段是通过铁路运输将水泥和钢材运到威宁站，但铁路运输交通条件有限，未能及时将构件、材料从威宁站送达目的地，公路运输则弥补了其不足。

仓库及材料堆场应布置在地理位置适宜，运输距离较短，交通路线清晰，以及周围消防、安全设施齐全的地方。设施、材料不同，运输方式的布置也不同。

(2)主要临时工程规划。本合同段缺水严重，施工用水紧张，地处位置复杂，供电困难，根据施工现场实际情况，原有施工现场平面规划情况如下表 8-16 所示。

表 8-16 主要临时工程规划

序号	规划要点	规划情况
1	水	天桥特大桥处冲沟、天桥大桥冲沟处取水用多级抽水机抽水可以供路基、桥梁、隧道施工用水,冷水沟处水源可以供路基、桥梁施工用水和饮用
2	电	在 100~3000 米范围内,将原有 10KV、35KV 供电线路多点接入
3	施工便道	G326 国道至凉水井大桥便道(4.0km);乡道至笔架山大桥(2.0km);G326 国道至天桥隧道进口便道(1.6km);乡道至天桥特大桥毕节岸主墩拌和站、引桥拌和站(1.6km);乡道至公鸡山大桥威宁岸(1.0km);乡道至天桥特大桥威宁岸拌和站(1.5km);乡道左侧至旱莲花隧道进口(2.6km)等
4	库房和集中加工库房	一个砂石中心库房,位于国道 306 旁的砂石镇,占地面积 4800m²,主要是用来储存施工设备、转租材料、消耗材料;六个集中加工库房,主要用于处理现场废弃的钢材等,分别位于公鸡山大桥、旱莲花隧道进出口、天桥特大桥、天桥隧道进口出口
5	炸药库房	一个临时炸药库房布置在天桥特大桥适当位置,一个炸药房布置在公鸡山大桥附近
6	砂石料场公鸡山料场为主料场	生产砂、碎石位于 K127+100 处,占地面积 3212m²,距主要的拌合站路程为:毕节岸拌合站 22.80km;毕节岸引桥拌合站 24.30km;笔架山拌合站 2.50km;威宁岸拌合站 24.20km;凉水井拌合站 17.50km
7	预制场及拌合站	四个预制场,主要用来生产 20m 空心板、30mT 梁和 40mT 梁以及通道盖板等,分别位于凉水井大桥、笔架山大桥、威宁岸 15#桥台、天桥特大桥 0#桥台。十个拌合站,分别位于凉水井大桥(占地面积 1430m²)、公鸡山大桥(占地面积 1683m²)、笔架山大桥(占地面积 4500m²)、旱莲花隧道进出口(占地面积 1200m² 和 7148 m²)、天桥特大桥智节岸引桥 0#桥台(占地面积 3200m²)、天桥隧道进出口(占地面积 4380m² 和 2202 m²)
8	项目部及项目处驻地、工人驻地	项目经理部设在本合同段的控制性工程、建筑面积 5650m² 的天桥特大桥上游 200m 的山坡上。有 200 名管理人员和 1000 名现场施工人员。笔架山大桥桥梁的预应力梁为 11m×40 m,桥梁桩号为 K125+906,该桥地形蜿蜒曲折,地势陡峭,墩柱最高为 63 m,对墩柱和桩基、钢筋加工和堆放场进行施工时各设置一座拌合站,将地面材料搬运到公鸡山桥处新开料场内;将施工用水接入凉水井桥左冷水沟抽水;在 K126+140-K126+300 段路基内设预制场,塔吊设 1 台,拟配备施工设备输送泵 2 台、500 KVA 变压器 1 台和 40 m 架桥机 1 台,墩柱模板 3 套,T 型梁模板 1 套,T 型梁拌合站新设 1 座

施工现场平面布置如图 8-27 和图 8-28。

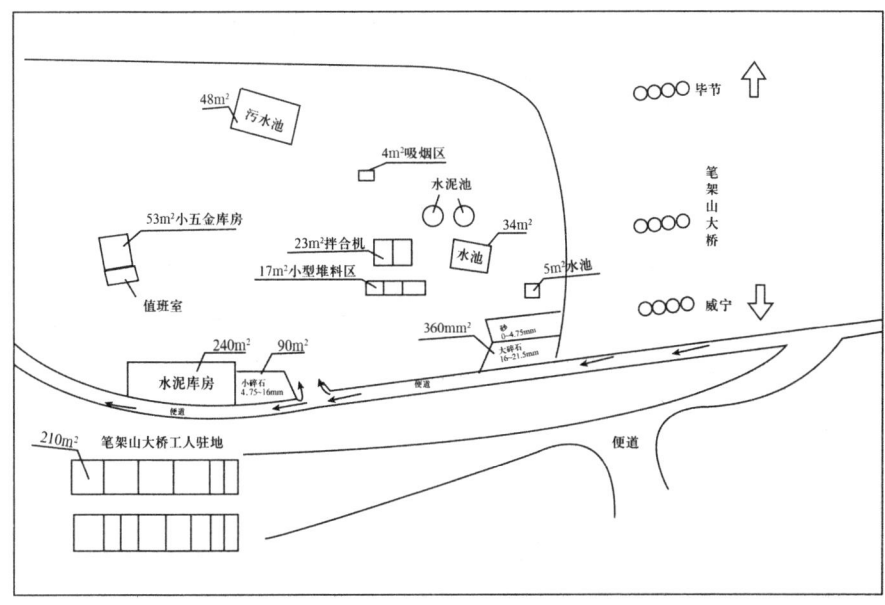

图 8-27　笔架山拌合站及工人驻地平面图

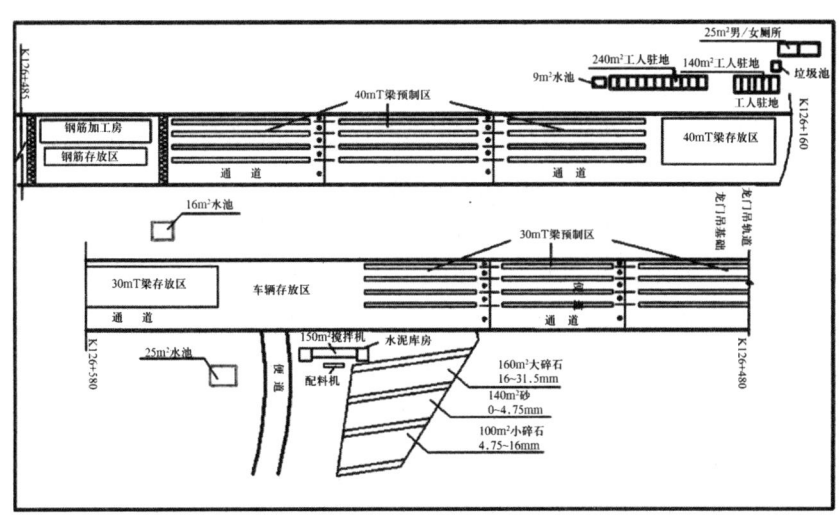

图 8-28　笔架山预制场平面图

3.施工现场平面布置的安全管理

进入场地施工,对建设单位及监理单位的决定应持尊重的态度,服从建设单位及监理单位的指挥。未经批准,不得擅自占用施工场地(包括停车),不得在场内任意搭建建筑物和构筑物,不得任意开挖路基路面断绝交通,不得肆意挖土或弃土,不得随意敷设、改移或拆除任何动力管线,不得破坏水沟、堵塞排水管道和随意排放废水。不科学的平面布置将会对施工现场造成很多极为不利的影响,例如增加施工成本,加长运输距离,扰乱现场作业秩序,降低工作效率,甚至导致现场人员伤亡,所以在设计公路施工平面布置方案时,应实行以下措施加以管理。

(1)需设置临时建筑物时,必须提前做书面申请报告,经监理单位审核许可后方可动工。在建设过程中要服从监理单位的检查和指挥,竣工后要负责及时拆除、清理并恢复原状,达到人离场后无垃圾。

(2)特殊状况下,需临时停水、停电、断绝阻碍正常交通,开挖道路路面时要提前写申请,并在规定时间内按时完成,不允许迟延,并及时做好善后处理,恢复原状。

(3)所有运输车辆均应在指定道路上出入与停车。

(4)进入场内的大型施工材料、安装构件、机械设备,需在规定时间内装卸完毕,并在规定地点合理存放,避免场地占用混乱和交通运输堵塞,保持施工现场秩序正常。

(5)在施工现场的轴线控制桩和水准点附近,设置的标志应足够明显,并不得破坏。钢筋、砂石及其他施工材料,应严禁浪费,严格控制堆放占地或交通堵塞等事故发生,切实贯彻科学管理。

(6)所有临时设施必须严格按照质量标准搭设及施工平面布置要求搭设,不降低标准,不马虎、不将就。

4.项目建设中的平面布置优化研究

考虑到最终筛选出的平面布置方案为最优解,因而它能够更合理地协调施工现场平面布置关系。但传统的优化方法仅对现有的设施与位置的关系进行优化,更不能用主观意识随意删减或增添设施,甚至无法改原来设施的占有面积,所以在对毕威高速公路的平面布置危险的分析之后,必须按照施工现场平面布置情况,进行人为优化。在原有施工平面布置方案的基础上,结合众多相关领域的专家的正确引导,以及合理意见,对临时道路和优化地区进行科学规划,合理布置机械位置,完善消防设施,建立吸烟区,尽量缩减临时用地面积,增添绿化设施,加大作业覆盖面,增强文明施工、环保思想认识。在施工现场增设一定的绿化用地,并可适当添加工人福利设施。

(1)BP神经网络的初始化。本书利用BP神经网,优化研究施工平面布置问题中的位置与设施的空间关系,在建立网络模型之前,必须对BP神经网络进行初始化,即设定权值和阙值的初始值,运用newff函数建立起网络模型之后,网络将权值和阙值自动初始化,用函数init()设定权值和阙值,缺省值是0,命令方式为:

$$Net = init(net)$$

函数init()分别用参数net.initparam和net.initfcn表示设定的初始化函数对网络的参数值以及权值和阙值的初始值。

(2)BP神经网络训练。邀请相关专家分别根据前面提到的10个评价属性,筛选三种方案,对三种方案进行赋值,进行样本训练,得到相应的安全评价分数。设逼近函数为$g(x) = 1 + \sin[k \times ti/(4 \times x)]$,$k$为训练频率,设置默认值为1。

1)曲线逼近。已知节点导数作为边界条件,根据$g(x) = 1 + \sin[k \times t_i/(4 \times x)]$函数进行曲

第八章 改进 BP 神经网络在施工安全评价中的应用

线逼近,此逼近函数收敛性有保证、计算准确且操控性强,各小段节点衔接光滑正确。

2)建立 BP 神经网络。运用 MATLAB 软件中的 newff 函数,构建出神经网络模型,purelin 和 tansig 为中间层到输出层的两个传递函数,中间层选取 10 个神经元,而输出层的神经元只有 1 个,采用 trainlm 函数进行训练,在运用函数 newff 创建出来的 BP 神经网络,其权值和阈值都具有不确定性,显然,输出的结果无法达到训练要求,需进一步逼近和训练。

3)进行网络的学习训练。样本训练时,需对样本数据进行不断调试。每正向运行一次的训练样本数据,都需要修正一次权值,反复对其操作,直到映射结果恰当为止。训练的次数视情况而定,主要是为了找到输入数据和输出数据之间的本质关系。网络具备泛化能力,向神经网络输入的数据,虽未经过训练,但也能得出恰当的输出,包括噪声数据,该数据也将由网络记录。在极端的条件下,查表的功能也可以在训练后实现,但不能为新的输入数据提供适当的输出,即不具备泛化功能,良好的泛化功能能够准确地判定网络性能的好坏,能够检验和测试一组独立的数据,而无需用拟合程度来判定网络训练数据的合理性。工具箱中的 train 函数,一种专门用于网络训练的函数,需输入相关参数,将训练精度设置为 0.01,训练时间设置为 45,而其他参数均为系统默认值。表 8-17 所示为误差值与训练次数对照表。

表 8-17 误差值与训练次数对照表

训练误差值	训练次数	相关性	误差参数
0.001	16746	0.997	901
0.002	7890	0.995	1689
0.003	5885	0.992	2798
0.004	3720	0.979	3489

由表 8-17 得知,误差值随着训练次数的不同而变化,如果训练误差取 0.001,则训练次数达到 16746 次,次数最多,耗时太长。如果将训练误差都取 0.001,虽然匹配效果较好,但对于大量的测试样本,实际值与输出值之间会有很大的差异,会由于训练次数过多而导致过拟现象发生;但是如果训练误差取 0.003,0.004,输出结果会随着误差的偏大而不准确,影响训练结果的准确度。因此在经过反复调整后,将训练误差设定为 0.002,不仅能够提高训练效率,而且确保输出结果的正确率。将网络训练速率默认值设置为 0.01,下降比例因子和学习速率增长比例因子的默认值分别设定在 0.6 和 1.08,训练次数最大值取 20000 次,训练误差设置为 0.002,以上数据设置后,开始对样本进行训练。针对筛选出备选方案(即为 A、B、C 方案)的符合程度,将从 10 个评价属性的层面出发依次评判,各个方案从安全评价的角度获得平面布置是否处于安全稳定状态,然后综合优化程度来选择平面布置最佳方案。表 8-18 为样本的训练参数。

表 8-18 样本训练参数

方案编号	工艺分区（m²）	安全分区（m²）	环境分区（m²）	资源分区（m²）	优化程度
A	5860	4760	3890	3360	0.0526
B	4680	3790	4630	3580	0.0587
C	5400	5100	3700	3200	0.0673

由于毕威高速公路施工现场地形复杂、地势条件差及工人较多，原有的平面布置已不能满足现场施工要求，因此需对平面布置合理优化。结合实例，本书4.1.1小节提到的10项评价属性能够有效地针对施工平面布置可能出现的问题，全面考察、检验该项目施工平面布置的安全性，将各项属性对应编号，利用BP神经网络建立施工现场平面布置系统，根据相关领域专家对现场安全情况的检查评分，向神经网络输入一部分随机抽取的连续数据，进行样本训练，并得出相应训练值（即为安全评价分数）。其中表8-19、7-20、7-21分别为A、B、C三种方案的训练结果。

表 8-19 A方案样本的训练值

检查日期	06.12	06.26	07.08	07.24	08.06	08.18	09.05	09.20	10.15	10.28
1	98	97	96	97	96	90	85	83	91	90
2	80	87	90	96	84	89	89	85	80	88
3	96	94	87	86	80	77	86	88	83	70
4	92	73	83	81	79	75	84	86	86	80
5	91	79	92	83	90	86	96	89	88	87
6	86	88	84	87	91	96	80	91	92	83
7	88	86	85	74	77	90	73	74	75	82
8	81	83	80	80	86	76	72	72	72	81
9	87	78	97	76	93	81	93	80	85	71
10	94	91	92	90	86	80	78	87	95	90
训练值	92.47	93.17	91.23	89.02	81.10	85.36	83.93	80.80	84.50	75.52

第八章 改进 BP 神经网络在施工安全评价中的应用

表 8-20　B 方案样本的训练值

检查日期	06.12	06.26	07.08	07.24	08.06	08.18	09.05	09.20	10.15	10.28
1	82	80	88	90	87	89	95	95	88	90
2	84	83	87	88	90	94	89	88	90	88
3	87	90	79	76	84	75	88	81	73	92
4	85	85	85	80	91	78	82	86	91	89
5	88	82	89	87	78	95	90	85	88	88
6	90	72	86	83	77	87	81	90	79	90
7	73	83	80	82	92	77	84	74	82	94
8	71	90	77	81	92	93	79	90	94	89
9	82	88	81	79	76	82	96	86	79	82
10	90	77	92	90	89	88	91	93	86	91
训练值	88.80	86.37	84.50	82.70	83.10	89.36	88.58	87.62	86.77	89.12

表 8-21　C 方案样本的训练值

检查日期	06.12	06.26	07.08	07.24	08.06	08.18	09.05	09.20	10.15	10.28
1	92	95	96	95	82	77	74	89	87	94
2	88	89	81	83	85	80	83	91	96	88
3	85	88	82	79	72	85	85	75	93	81
4	94	82	85	81	80	81	80	78	76	84
5	86	90	87	91	71	90	77	88	91	87
6	82	82	91	88	83	82	76	95	84	80
7	78	88	76	80	74	71	71	93	83	81
8	79	79	73	75	81	72	80	73	80	93
9	81	90	86	94	70	90	86	88	85	72
10	95	96	97	82	81	79	70	76	97	96
训练值	90.20	91.23	86.78	85.10	75.80	79.54	77.67	85.36	93.17	90.82

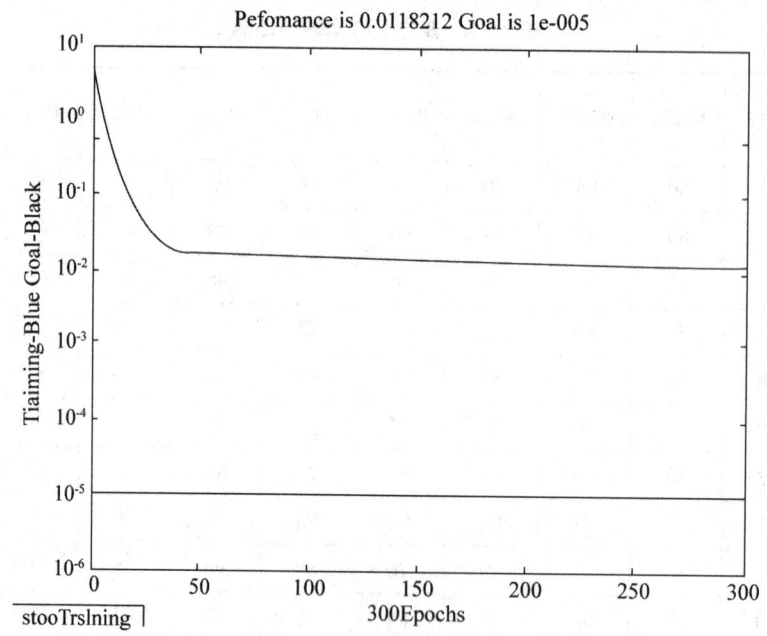

图 8-29　A 方案样本训练误差输出曲线

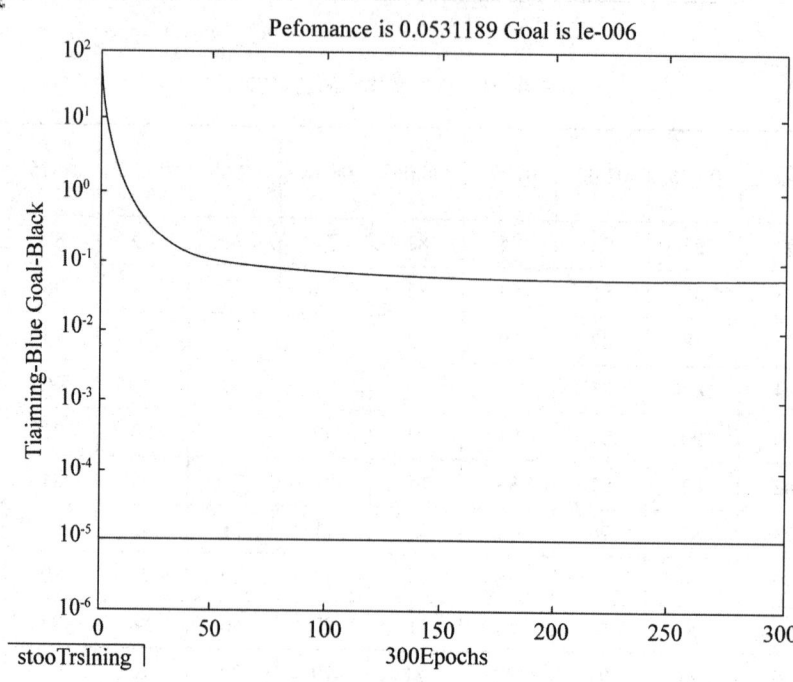

图 8-30　B 方案样本训练误差输出曲线

第八章 改进 BP 神经网络在施工安全评价中的应用

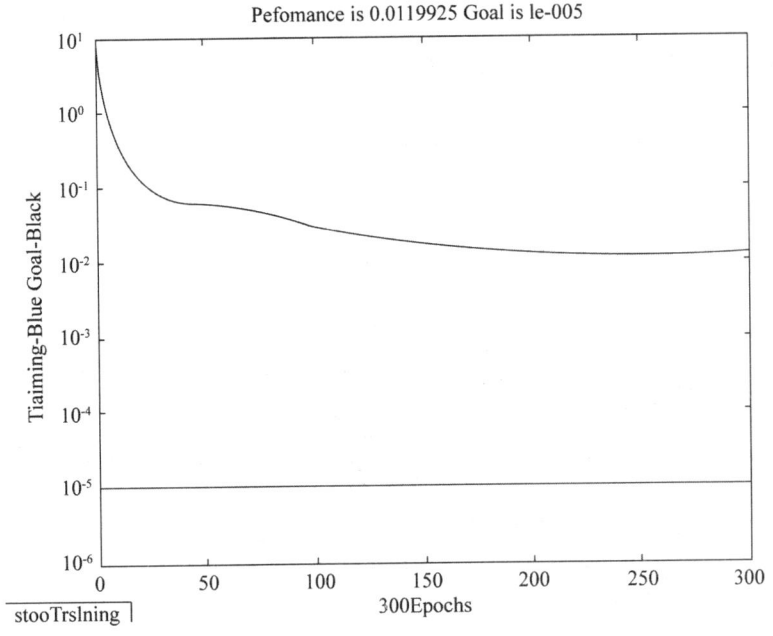

图 8-31 C 方案样本训练误差输出曲线

从图 8-29、图 8-30、图 8-31 可知，在检测数据时，均方误差降幅明显，随着训练次数增加，检验误差呈上升态势，误差曲线极小值点对应合适的训练次数。不难看出，到此值应停止训练，否则将出现过度训练现象，导致更大的误差。

5.结果与分析

由表 8-19、表 8-20、表 8-21 可以得出项目的施工现场安全状况的变化情况。表 8-19 中，施工前期状况较好，三次出现 90 分以上分值，但是 10 月 28 日训练值只有 75.52 分，较前阶段安全状况明显下降，施工安全状况较为不稳定。表 8-20 中显示可知，施工现场安全状况总体态势良好，都达到 80 分以上，虽然没有出现 90 分以上分值，但施工现场处于一个安全稳定状态。从表 8-21 中可获得，施工前期和后期都处于良好的安全状况，但是中期出现安全低谷期，施工现场的安全状况很不稳定。同时结合表 8-18，虽然 C 方案的优化程度为 6.73%，高于 A 方案和 B 方案的优化程度，但是 C 方案所获得的安全评价分数相对于 A 方案和 B 方案是不均衡的。B 方案的优化程度为 5.87%，仅次于 A 方案的优化程度，而且 B 方案所获得的施工现场安全状况是最稳定的，显而易见，最终选择的平面布置方案为 B 方案，即将水泥库房原有面积 240m² 缩小为 210 m²，砂、碎石库房面积由原来的 350 m²+90 m² 调整为 320 m²+85 m²，240 m² 的工人驻地修正为 200 m²，另外拆除预制场内原来的 140m² 施工人员驻扎地设施；在预制场地右上方及拌合机一侧分别布设 4m² 的吸烟区，并将必要的消防、绿化及福利设施在适当的地点增设一些；将停车区单独设立在 30 m T 梁体和 40 mT 梁体之间；小型堆料区位置不变，对小五金车库的位置进行调整，向小型堆料区靠近，在 40 mT 梁预制区与 30 mT 梁预制区之间集中放置搅拌机、配料机、砂石料场及水泥库等。

与传统方案相比,使用 BP 神经网络优化后的施工现场平面布置的优化程度提高了 5.87%,可有效节约用地,降低施工成本和平面布置风险,优化效果符合预期要求。优化后的毕威高速公路平面布置方案如图 8-32、图 8-33 所示。

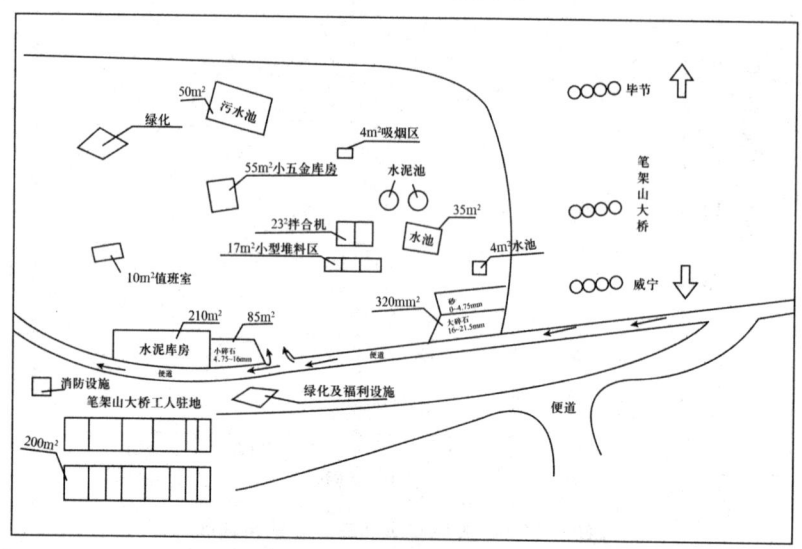

图 8-32 笔架山拌合站及工人驻地平面图

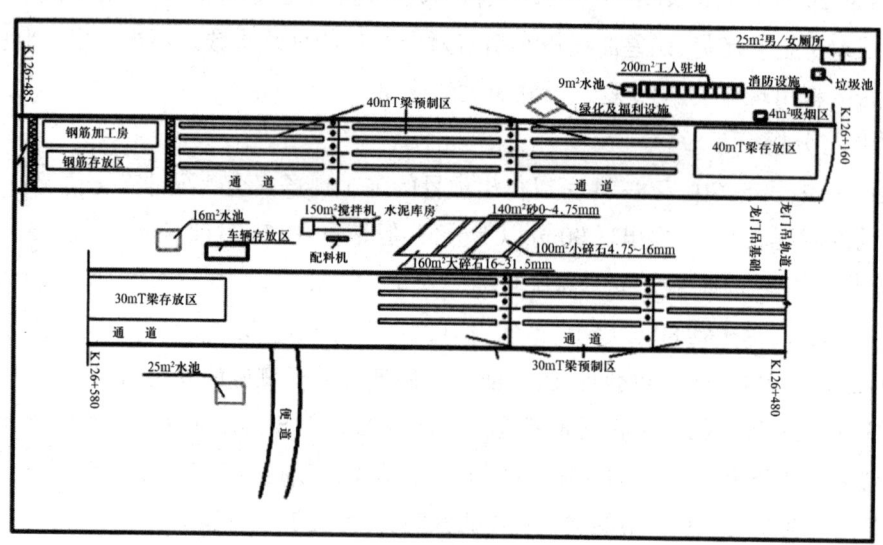

图 8-33 笔架山预制场平面图

第九章 结论

建筑安全事故频发是阻碍我国建筑业健康良好发展的一大瓶颈,基于此,在前人对安全领域研究成果的基础上本书对施工安全进行了评价研究。建筑业需要可持续发展,原先粗放型的增长方式已经无法满足社会发展的需求,"安全第一,预防为主,综合治理"是建筑业健康发展所必须坚持的基本方针。目前国内的施工现场安全管理大都停留在安全技术与安全经验层面,缺乏系统的安全管理体系,现场安全管理人员水平参差不齐,对施工现场的危险源辨识、安全评价与管理随意性大,无法进行动态管理和整体评价。对于施工现场信息模糊、有缺失、相关评价项彼此冲突等复杂状况,一般的安全评价方法更是难以实现,人工神经网络技术给解决此类问题提供了一条有效的途径。施工现场的安全状态由多种因素综合决定,其最终状态和作用因素之间常表现为非线性的关系,人工神经网络可以获取人的思维中蕴含的经验、知识和对各评价项目重要性的主观判断,将这种非线性关系具体化、确定化,并将获取到的信息运用于其他安全评价过程中去,在输入信息出错、不完整的情况下也能获得准确可靠的评价结果。本书将人工神经网络理论引入定量化的施工现场安全动态评价工作中,以《施工企业安全生产评价标准》和《建筑施工安全检查标准》为基础建立了施工现场动态安全评价管理体系,实现了对施工现场安全状况的动态评价和管理。本书首先综述了国内外建筑施工安全管理的研究现状,介绍了安全管理的相关理论,总结分析了常用的安全评价方法,并对其各自的优缺点进行了比较,提出了构建施工现场的动态安全评价管理体系的概念。其次介绍了 BP 神经网络的基本原理和算法过程,分析了 BP 算法的优缺点,并提出了相应的改进方案,利用改进的 BP 算法建立了动态安全评价管理体系的数学基础。最后运用 MATLAB 软件编写了建筑施工现场安全评价的神经网络模型程序,选择了合适的网络结构和相关参数。本书综述了国内外高层建筑施工安全评价的发展状况,分析了安全评价方法,在此基础上分析了高层建筑施工现场安全状况的影响因素,建立了评价指标体系,并给出了各输入评价指标的权重。加入指标权重的概念是为了把指标更加细化,更加方便专家的打分,从而得出更加准确真实的评价分值。在 MATLABR2010b 软件的支持下,运用 BP 神经网络建立高层建筑施工现场安全评价模型,利用 BP 神经网络模型能够不用解析式就可以描述复杂的非线性关系,这也是本书选择 BP 神经网络来处理高层建筑施工安全评价问题的主要原因。有了 BP 神经网络,就可以构建安全评价指标输入向量和输出向量之间的映射关系,这是本书所有研究的根本所在,并将其应用于高层建筑施工安全评价的方面。本书正是利用改进后模型这种可以不通过解析式的方式就能够描述复杂的非线性关系的特点,建立起安全指标输入向量和输出向量之间的映射关系,构造出以神经网络为基础的函数关系,从而把其应用在施工安全评价的方面。本书共收集了 10 份专家评价样本对神经网络进行训练,并将经过训练的神经网络应用于现实施工案例之中。通过研究,得到的结论如下。

(1)改进后模型增强了安全评价结果的稳定性。引入动量因子的 BP 神经网络可以加快收敛速度,也就是说,在相同的学习速率下,想要满足误差要求,引入动量因子后的学习次数会明显减少。从这个意义上来说,改进后模型增强了评价结果的稳定性,因为此时可以选择一个比较小的学习速率,增加了改进后模型的稳定性。因此,引入动量因子的 BP 神经网络可以提高神经网络的稳定性。

(2)使用改进后模型进行评价功能,既保证了网络结构的进一步收敛,又减少了系统的误差。这是因为在模型改进之前,其在应用过程中有时候会找不到误差的全局最小值,从而使模型无法收敛,或者虽有收敛但是误差却比较大,收敛状况不好。在 BP 神经网络中引入动量因子就会显著改善这一状况,在改变神经网络权值的时候,它不仅考虑误差在梯度方向的变化,而且能够从整个误差曲面上的变化情况进行宏观把握,具有能够跳出局部最小值的功能。

(3)利用改进模型得出的评价结果能够很好地指导安全管理工作,改善安全状况。这得益于指标体系中对输入和输出指标内部逻辑关系的分析和对输入指标内容的具体细化,根据评价结果,观察现场会出现哪种类型的风险,然后根据结果反推出造成安全事故的原因,并且通过给出的输入指标的细化表格,找出这些影响因素分值过低的原因,并重点予以改善,这样不断地改善,不断地评价,形成一个往复的循环过程,这个过程也是现场安全状况不断提升的过程。

(4)人工神经网络具有强大的并行处理与分布式存储能力,可以处理极为复杂的非线性问题,有良好的容错能力和自适应性,使其在面对有噪声的输入信号时和在处理动态问题方面也能得到令人满意的结果。与现有其他安全评价方法相比,人工神经网络使用范围广、处理能力强,更加科学、客观。

(5)MATLAB 软件非常适合用于神经网络的建立和运算,其编程语言方便快捷,计算准确,易于调试,体系开放,交互性好。便捷可靠的计算机程序是实现施工现场动态安全评价管理的基础之一,MATLAB 软件的存在显著地简化了人的工作,为实现安全评价的高度自动化提供了有效的技术手段。

(6)能否正确地选取网络参数对人工神经网络能否有效运作有着至关重要的影响。经过改进的 BP 算法显著提高了其计算能力和稳定性,避免了自身的缺陷,但是在具体应用过程中,人工神经网络的许多关键参数仍然需要依靠经验和大量的试算才能确定,网络参数的选择是否合适,对人工神经网络的训练效果、学习能力有着决定性的影响。

(7)人工神经网络有较强的容错能力,在本书所建立的施工现场动态安全评价管理体系中,针对样本不完整的问题,采用了及格分补全的方式进行处理。分析对比显示,基于人工神经网络的容错能力,该种方法得到的评价结果最接近于施工现场的安全状态,可以用于施工现场的动态安全管理。

(8)结合工程实例,展示了施工现场动态安全评价管理体系的运行过程,表现出了MATLAB神经网络经过良好训练以后所具有的准确判断能力,使施工现场的安全管理人员可以在它的帮助下对施工现场做出更加准确的安全评价,实时掌握现场安全状况,使施工安全管理工作有的放矢,更好地提升管理效率,提高现场安全水平。

(9)BP神经网络模型得出的评价结果能够很好地指导高层建筑施工现场安全管理工作,发现高层施工现场安全管理薄弱的环节,帮助管理人员及时排除安全隐患,保障施工人员的安全,改善整个高层建筑施工现场安全状况。本书指标体系包含了输入和输出指标的内部逻辑关系,并对输入指标进行了具体的细化,6个输入因素层指标分别对应几个指标层的指标。依据安全评价结果,观察施工现场将会发生哪种类型的事故,根据详细具体的输出指标体系,思考问题究竟出在哪里,之后可以依据结果反向推出造成安全事故的原因,分析造成这些影响因素分值过低的原因,着重改善。这样不停地去改善,不断地进行评价,建立一个反复循环的过程,这个过程也是高层建筑工程施工现场安全状况逐渐提高的过程,同时建筑施工企业逐渐建立自己的安全评价知识库,高层建筑施工的安全管理水平会越来越高,高层建筑施工事故会越来越少,这就是本书研究的成果和初衷。

本书以神经网络为理论基础,运用MATLAB软件建立了施工现场动态安全评价管理体系,虽然说本书构建了相对全面和细化的高层建筑安全评价指标体系,选用了BP神经网络这样适合的安全评价模型,然而本书选用的安全评价方法还不是一个完全定量的方法,在安全评价时,还是指望专家的经验以及个人判断,而且来打分的专家自身知识水平也良莠不齐。其次,评价指标的全面性和科学性如何,无法考证,还需要进一步完善。此外本书收集的样本数量也比较少,可能会限制训练出的神经网络模型性能。由于施工安全管理问题的复杂多变,以及时间和个人理论水平有限,还有许多问题有待深入探索,目前来看主要为以下几个方面的问题。

(1)在收集样本时,样本数量仍然很少,各专家的专业水平、对现场安全问题的理解也不尽相同。本书所用方法十分依赖于充足的优秀样本,收集到的样本越典型、越充分,训练出的人工神经网络就越可靠。如何获取优秀的样本,使之能涵盖尽可能多的现场安全类型,是今后研究的重要内容。

(2)本书所建立的安全评价指标体系是否全面、实用,是否能够细化,值得思考。针对具有不同特征的施工项目现场,如何建立相符合的施工安全评价指标体系并获得足够的优秀样本支撑,这是建立施工现场安全评价管理体系的关键所在,还需要做很多工作来加以完善和改进。

(3)本书对于评价过程中的缺失项处理较为简单。如何有效处理有缺失项的评价样本,获得真实的施工现场安全状态,并能顺利整合到施工现场动态安全评价体系中去,还有待于进一步深入研究。

(4)虽然说本书建立了比较细化和全面的指标体系,采用了合理的评价模型,但是对于安全评价工作而言,这些都只是成功进行评价的必要条件,都是评价工作的硬件,而评价工作的软件,即可靠而精确的训练样本才是成功评价一个项目安全状况的重要的因素。本书在此方面存在的不足是样本数量小,并且所打分的专家专业水平参差不齐等。

(5)在高层建筑施工现场安全评价的过程中,怎样减少安全评价工作的主观性,仍将是今后研究的重点问题。目前还没有一种切实有效的办法来消除人为主观的影响,这是一个今后研究的方向。

(6)样本的收集工作,这不算是研究的难点,但绝不是一件轻松的事。目前绝大多数建筑施工企业都没有自己的安全评价数据库,收集数据也是今后需要努力的一个方面。

(7)本书的输出指标其实忽略了事故发生的概率、事故危险的程度等因素,只是罗列了事故的类型。今后有关高层建筑施工安全事故发生概率、危险程度等基础性工作也需要进一步完善。

参考文献

[1] 郑友敬主编.跨世纪:技术进步与产业发展[M].北京:社会科学文献出版社,1995.

[2] 赵惠珍,程飞,金玲,王承玮.2013年全国建筑业发展统计分析[J].建筑,2014(11).

[3] 贺灵童,陈艳.中国建筑业2014年上半年发展报告[J].建筑,2014(16).

[4] 鹿中山,杨善林,杨树萍.基于寻租理论的工程安全监理博弈分析[J].工程管理学报,2010,24(3).

[5] 仲作伟.基于粗糙集—神经网络的建筑施工现场安全评价模型研究[D].哈尔滨:哈尔滨工业大学管理科学与工程专业,2007.

[6] 李成华.基于流程与实施的建筑安全管理体系研究[D].西安:西安建筑科技大学,2009.

[7] 董大曼,陈军营.安全管理要向国际水平看齐[J].建筑,2008(22).

[8] 苏东水.论东西方管理的融合与创新[J].学术研究,2002(05).

[9] 吴宗之,高进东,张兴凯.工业危险辨识与评价[M].北京:气象出版社,2000.

[10] 朱建军.建筑安全工程.化学工业出版社,2007.

[11] 方东平,黄新宇等.建筑业安全事故经济损失研究[J].建筑经济,2003(3).

[12] 华燕,王际芝等.建筑企业需要什么样的安全管理[J].土木工程学报,2003(3).

[13] 丁传波,关柯等.施工企业安全评价研究[J].建筑技术,2004(3).

[14] 黄世国.建筑施工现场安全综合评价体系研究[D].重庆:重庆大学硕士论文,2007.

[15] 于凤清.荷兰壳牌公司风险管理理念与实践[J].石油化工安全技术,2003(6).

[16] 罗东.房屋建筑工程施工方案安全评价体系研究与应用[J].重庆:重庆大学硕士论文.2006.

[17] 董勇.建筑安全生产管理体系研究[J].重庆:重庆大学硕士论文,2003.

[18] 董大呈.建筑施工安全生产中的危险源管理研究[J].上海:同济大学硕士论文,2007.

[19] 许树柏.层次分析法原理[M].天津:天津大学出版社,1988.

[20] 冯圣洪,周心权,徐敬德.基于模糊积分理论的多指标综合评价合成技术研究[J].系统工程理论与实践.1999(4).

[21] 杨文柱主编.建筑安全工程[M].机械工业出版社,2004.

[22] 吴孝仁,吴鹤鹤主编.工程建设职业健康安全管理体系规范[M].北京:中国水利水电出

版社,2004.

[23] 张贵生,孙晋,陈松. 建筑施工危险源的类型与分析[J].山西建筑,2007(2).

[24] 田元福.建筑安全控制及其应用研究[D]:博士论文,陕西:西安建筑科技大学,2004.

[25] 赵挺生,卢学伟,方东平.建筑施工伤害事故诱因调查统计分析[J].施工技术,2003(12).

[26] 林伯泉,周延,刘贞堂编.安全系统工程[M].徐州:中国矿业大学出版社,2005.

[27] 熊华,罗奇峰,任春.工程项目风险识别中的检查表法[M].灾害学,2005,3(20).

[28] 国家安全生产监督管理总局.安全评价(第3版,上册)[M].北京:煤炭工业出版社,2005.

[29] 郑贤斌,陈国明.基于FTA油气长输管道失效的模糊综合评价方法研究[ ].系统工程理论与实践,2005(2).

[30] 袁昌明,张晓东,章保东.安全系统工程[M].中国计量出版社,2006.

[31] 罗云,等.注册安全工程师手册[M].北京:化学工业出版社,2013.

[32] 弗雷德里克·泰勒(美)著,马风才译.科学管理原理[M].北京:机械工业出版社,2013.

[33] 景国勋,杨玉中主编.安全管理学[M].北京:中国劳动社会保障出版社,2012.

[34] 罗云,等.安全科学导论[M].北京:中国质检出版社,中国标准出版社,2013.

[35] 傅贵.安全管理学——事故预防的行为控制方法[M].北京:科学出版社,2013.

[36] 陈宝智.危险源辨识控制及评价[M].成都:科学技术出版社,1996.

[37] 陈宝智.系统安全评价与预测(第2版)[M].北京:冶金工业出版社,2011.